法国厨师职业技能认证 (CAP) 培训教程

法式甜点烘焙

JE PASSE MON CAP PÂTISSIER EN CANDIDAT LIBRE

［法］达米安·迪凯纳
［法］雷吉斯·加尔诺　著
马力　译

U0342945

中国轻工业出版社

前　言

　　二十多年前我认识雷吉斯的时候，他已经拥有了很棒的职业背景：高级技师学校甜点专业毕业，巴黎巴银行（Banque Paribas）主厨，巴黎斯克里布（Scribe）酒店主厨。我们相遇的时候，他正担任巴黎丽兹（Ritz）酒店糕点房的副主厨，而我正在丽兹酒店的厨房实习。

　　我一有时间就跑到糕点房去观摩学习。这个我所知甚少的领域让我觉得非常新奇，它与我们那个年代几乎是纯男性的厨房是那么地不同。我在一旁观察雷吉斯和他的助手们细致而又安静地工作，精确地称量所有原料……这一切都与厨房不同，那里，我们的工作是及时和即兴的。

　　雷吉斯立刻就热情洋溢地接待了我，给了我很多建议和食谱，其中一些食谱到现在都还在我的饭店里使用！当然了，经过我作为厨师的自由发挥而进行了些许调整。

　　今天雷吉斯已经成为我的一位亲密朋友，同时也是一位糕点教师。而那时，他还调侃我想要成为教师的想法！我们相互补充：我鼓励他把在高级酒店获得的本领传授给别人，而他带给了我对糕点的热爱。

　　通过这本书，我们希望把我们的所知为你所用，以便你能更好地准备考试，并成功获取糕点师职业技能证书。我们既能够以饭店管理学校教师的身份传授专业知识，又能以业内人士的身份传授专业技能。我们联手完成的这本书将以一个更现代、更时尚的视角向你解读那些最经典的法式甜点，这意味着我们的食谱更低糖、更清淡和更具备视觉美味。

　　我们并不认为作为教科书就必须枯燥乏味！我们希望它漂亮、诱人和简洁，让我们来为你敞开糕点师职业的大门！

　　雷吉斯肯定会跟你说：要想成为糕点师，你必须同时具备技巧、协调、准确和创造性！如果你被糕点师职业所吸引，而且你具备这些优点，抑或你已经做好准备来培养这些优点，那就毫不犹豫地迎接糕点师职业技能证书的挑战吧！

达米安大厨

目　录

以自由考生的身份
通过糕点师职业技能证书考试

如果你手上有这本书，无论是出于个人考虑还是想要职业再培训，可以肯定的是你已经决定以自由考生的身份挑战糕点师职业技能证书（CAP）的考试了。

别紧张! 即使你30年都没有考过试了，我们都会引导你。有了这本书，再加上你的动力和练习，所有一切都会顺利完成。

自由考生在每年的5、6月会有一次考试。注册通常都是上一年10月中旬开始到11月底截止，直接在网上注册。你可以查询你所在的学区网页。你要准备一份高中毕业证复印件（如果没有，就需要另一份同等学历证书复印件），这样就可以免去普修科目的笔试（语文、历史、数学、英语等）。

我们的两位大厨，达米安·迪凯纳（Damien Duquesne）和雷吉斯·加尔诺（Regis Garnaud），都是餐饮业职业高中的老师，他们已经提炼出所有的考试须知，并且充分了解你的困难和在专业上的不足。

他们在监考时亲历过很多像你一样的"自由"考生，充分明了你会犯哪类错误，他们会告诉你哪些是致命的过失!

他们同样会考虑到全职考生准备考试在时间上的不足。

我们的目标：

精练所有能让你考取职业证书的最重要的知识点和技巧。

考试由多个部分组成：

理论："采购及库存管理"（评分系数4，时间2小时）

由三部分组成：

- **糕点行业的技能** ：指的是实战考核。要展示你在以下方面的能力。懂得挑选原料、了解原料来源、菜谱中各配料的比例、原料的作用、原料使用的注意事项、原料的使用条件以及保存储藏条件。对于这部分的考试，你必须熟练掌握专业词汇。
- **食品科学**：你要了解食品分类、饮食疾病和专业词汇、掌握关于节食和运动的一些概念、能够识别食品标识，适当地掌握医疗化验室的规定、运作及其设备的知识。
- **了解公司的运作及其金融、法律、社会环境**：你要了解一些基础的法律金融知识，掌握一些会计知识，并且知道一个公司是如何与它的合伙人供应商打交道的。

操作："糕点制作"（评分系数11，时间不超过7小时）

　　最开始的30分钟是调度分配时间，要求把考试中的步骤写在纸上。为了不浪费时间，记得准备水和午餐。考试过程中会有两个各15分钟的口试。为了不影响糕点的制作，何时口试由监考老师根据情况来定。

第一个口试针对专业词汇：

- **基础的专业词汇**：相关的定义、材料及工具的搭配、手法及技巧的配合。
- **感官上的品质**：基本的描述词汇，出现味道、口感以及其他错误时的补救措施。
- **制作技巧**：面团、奶油酱、熬糖、辅助材料、装饰和表面的处理，涉及的初级原料，相关的制作程序以及初级材料的运用。

第二个口试针对食品科学：

- 物理化学在本行业的基本体现
- 膳食平衡
- 感官感觉
- 从业人员健康卫生
- 工作环境操作设备的卫生条件
- 安全须知
- 本行业中涉及的原材料及其特性

通常会要求考生早上7：30到达考点，建议提前30分钟到场以便找到具体考场。

特别提请注意的是，考官会在12月发布涉及装饰主题的选项清单。建议提前做好相关准备，避免在临考时浪费时间。

操作考评需要完成四个作品：

- 一个法式分层夹心蛋糕（第九章）
- 一个塔（第一章）
- 一个用到泡芙面团（第二章）或是折叠起层面团（第五章）的作品
- 一个法式甜酥面包（第三章）：一个使用发酵起酥的作品，或是一个布里欧修奶油面包，或是一个牛奶面包

做准备吧!

考前：首先要注册！

1 准备一个糕点师工具箱（第14页）；一个双环笔记本用于记录所需材料和配比，临考当日要带着；以及一个日常练习和注意事项记录的普通笔记本。

2 反复复习网上发布的关于理论考试的重点（www.je-passe-mon-cap-patissier.com）。

3 要经常练习手写关于操作步骤及所需时间的调度安排表。临考当日你有30分钟的时间填写表格。遗憾的是自由考生往往认为这部分不重要而忽略。你错了！预估每一步所需的时间是考试成功的关键。自由考生在操作考试中的弱点就是时间不够用。

4 有计划地训练自己掌控全局，最好是每周多次练习。如果时间不够用，就集中练习基本功，可以在网上找到相关记录（www.je-passe-mon-cap-patissier.com）。

5 关于操作考试，至少自己在家做两次"模拟考试"。必须要知道自己是否能在既定时间内完成所有步骤。时间最好设定成6小时45分钟，因为临考当日因为没有属于自己的参照点可能会拖延时间。

6 要选购质量好的原料（第16页）：好的面粉、不是随处都能找得到的"专业"原料等。

7 根据临考当日可能会考到的主题，自我训练和准备法式分层夹心蛋糕上的装饰（考试有时也会要求装饰各种塔）。

8 收到正式的考试通知后可以联系考场所在的餐饮业职业高中的相关联系人，申请参观学校和操作间。有些学校会给自由考生安排几天的开放日、回答提问并参观场地。请详细咨询。多方询问关于临考当日的流程，是否可以自带食用色素、杏仁膏、沾裹糖霜和切模等。

临考当日（D-Day）
实地操作考试要携带什么？

用具：大约在临考前3周，一份用具清单会附在考试通知书上一起寄给你。就是说为了让你觉得方便自在，你可以自带用具。以下是应考的实用用具清单：

- 几个计时器
- 一些糕点用金色垫板
- 一个电子秤
- 一个带警报的温度探针
- 多个裱花袋和裱花嘴
- 一个糕点擀面杖
- 一个网筛
- 多个一次性托盘，如果你的考试中心没有配助手，一次性托盘可以用来盛放东西，避免清洗盘子浪费时间
- 透明保鲜膜
- 厨用吸水纸
- 一系列各种尺寸的用烘焙纸叠的三角袋，以便节省时间
- 几个隔热垫或隔热手套
- 创可贴
- 允许携带自己的食谱，但只能标注原料和用量
- 更衣间衣物存放柜的挂锁
- 透明胶条，粘贴提示便签和制作巧克力装饰品时使用
- 准备些零钱，有些学校会返还报名费（约合37元人民币——译者注）

着装，临考当日必需的着装：

- 白色防滑安全鞋，鞋尖带防湿护头
- 一条纯白裤子，或是白底密纹裤

- 一件白色厨师上衣，获得评审团加分的一个建议：考试时尽可能保持上衣干净，不要在上面擦手！
- 一条纯白围裙，围裙上半身可有可无
- 帽子（厨房用发套、小圆帽或是厨师高帽）

初级原料由考试中心提供。有些中心甚至提供融化的巧克力，既方便又能节省时间：这点请咨询考试中心。

临考当日的时间调控安排表：

- 15分钟为一节，紧跟自己的时间分配表。只有这样才能规划和预设各个制作过程：冷藏、静置、烘烤等。时间的组织安排还能提示你是否已经滞后，如果出现滞后就要缩短各步骤的间隔，以便在规定时间内完成。
- 要特别注意静置和冷却的时间：最先准备的是起层酥皮、发酵面皮和奶油酱，这些都需要冷却。最后再烤温食的点心（如玛德莲娜贝壳点心）。理论上是从法式甜酥面包开始，然后是法式分层夹心蛋糕，然后是泡芙面皮，最后是塔坯。但实际操作时应该多项同时开始！
- 别忘了在时间表里加上规定的午餐休息时间（30分钟）。通常安排在上午11：30～13：00，应向考官咨询确切午休时间。这个30分钟是附加在考试时间里的：就是最长7个小时 + 30分钟休息。

技术操作表：不必逐字逐句严格执行，操作表是起提示作用的。

有两种烤箱供你使用：
- 带风扇的：建议用于烘烤蛋糕、分层起酥的法式甜酥面包，如牛角奶油面包和巧克力面包，也用于烘烤千层酥皮和塔坯。
- 无风扇的：建议用来烘烤泡芙皮、布里欧修奶油面包和牛奶面包。

如何使用本书？

本书严格依照CAP糕点师职业技能要求，即考评程序编写。我们归纳出10个甜点类别，便于读者使用和吸收考试必需的知识点。

在每个类别中你将会看到基础部分和/或分步详解的完整食谱。如果只出现完整食谱，请根据页码索引参考相关的基础部分。

请不要跳读，所有知识点都可能在考试当日涉及到！为了完成考试中的4个糕点或是法式甜酥面包，你肯定要用到所有章节中教授的技巧。

- 易碎沙化面团及塔坯
    → 基础部分 + 完整食谱
- 泡芙面团
    → 基础部分 + 完整食谱
- 发酵面团
    → 基础部分 + 完整食谱
- 泡打粉搅拌面团
    → 完整食谱，并已纳入基础部分
- 折叠派皮
    → 基础部分 + 完整食谱
- 蛋白霜及蛋白霜甜点
    → 基础部分 + 完整食谱
- 法式海绵蛋糕
    → 基础部分
- 奶油酱
    → 基础部分
- 法式分层夹心蛋糕
    → 完整食谱
- 糕点装饰品
    → 基础部分

每个食谱都提供了一系列实用和精练的信息，
帮助你更好地备考。

每个基础部分都包含：

- 定义
- 在本书食谱中的应用
- 所需工具
- 应掌握的操作技法
- 小窍门
- 成功应考的建议（临考当日的实战建议）

每个食谱都包含：

- 所需工具
- 应掌握的操作技法
- 涉及的基础部分
- 小窍门
- 成功应考的建议

在食谱的补充部分，你将会看到帮助你应考的各种细节。

- 统筹安排方面的建议（第6～11页）
- 糕点师学徒的工具箱（第14页）
- 糕点师所用食材（第16页）
- 术语及技术手法索引（第302页）

作为补充，你可以在网上找到以下内容

理论考试涉及的知识点汇总
作为你们训练的终点，我们两位为你们录制了20个视频！

请上网观看
www.je-passe-mon-cap-patissier.com

糕点师学徒的工具箱

考试是要准备装备的（第10页），以下是为了更有效
的练习本书中的食谱涉及的工具：

小工具 · 切割

- 削皮器
- 细蓉擦刀
- 剪刀
- 刀具（削皮刀、大号切刀、锯齿刀）
- 果肉挖球勺
- 糕点师用夹花钳
- 果蔬切片擦板组合工具

其他小工具

- 弧形刮板
- 长柄刮刀
- 手动打蛋器
- 折角曲吻抹刀
- 平抹刀
- 宽口抹刀
- 汤锅汤勺
- 糕点刷
- 带刺的滚子
- 裱花嘴（各种尺寸、各种花型，金属或塑料质地）
- 硅胶烘焙垫
- 过滤网勺
- 尖嘴过滤勺
- 网筛

烤盘和切模

- 不同尺寸和高度的不锈钢矩形和圆形无底烤模（一般要求的尺寸在
  直径16~22厘米、高1.5~4.5厘米）

- 不同尺寸形状的切模
- 烤模：布里欧修奶油面包烤模（多格烤模和单烤模）、蛋糕烤模、马德莲娜烤模和夏洛特蛋糕烤模

耗材

- 烘焙纸（又称油纸——译者注）
- 保鲜膜
- 糕点用透明塑料纸、糕点围膜
- 厨用吸水纸
- 金色垫板，用于法式分层夹心蛋糕和制作烤模
- 一次性裱花袋

大型容器

- 平烤盘
- 糕点用擀面杖
- 网格架
- 案板
- 糕点面盆
- 带手柄的小锅
- 糕点用喷枪

小电器

- 温度探针
- 糕点专用多功能一体机
- 厨用多功能一体机（多功能切片机）
- 打蛋器或电动打蛋器
- 手持立式电动搅拌机
- 精确电子秤

大型电器

- 灶
- 烤箱
- 微波炉
- 电冰箱
- 冷冻柜（有些小冰箱没有冷冻室——译者注）

糕点师所用食材

首先要挑选优等的食材，你的食谱是否成取决于它们！

大部分原料都可以在大型超市里找到，只有少数几种原料需要在专业店铺购买。在大城市我们能买到所需原料，而且还可以从网上订购。

以下是关于面粉要掌握的基础知识。

如果没有特别说明，本书食谱中使用的都是T45号面粉。

型号	名称	用途
T45	精白面粉	牛角面包、巧克力面包、起酥类、糕点通用
T45	富强粉或硬麦面粉	布里欧修奶油面包、牛奶面包、牛角面包、巧克力面包
T55	常用白面粉	蛋糕、脆性面皮和塔坯
T65	奶白色面粉	饼干和面包
T80	半麸皮面粉	饼干和乡村风味面包

注：T45号和T55号都生产精白面粉或硬麦面粉，因为面筋含量高，通常用于制作发酵面团，面团更有弹性。

以下是本书食谱中涉及的专业产品清单。
对于这些专业配料一定要了解并学会使用。

米克利尤可可脂
可可中提炼的天然食用油脂，固体粉末状。

干黄油
又称起酥黄油，干黄油的油脂含量比普通黄油高
（84%：82%），更适合制作起酥面皮。

可可脂板
含有大量可可脂的巧克力，用于制作巧克力甜
点和糖果。

配料巧克力
比可可脂板的可可脂含量低，不需要特殊处
理，更适用于普通蛋糕、慕斯蛋糕和甘纳许巧
克力酱。

食用色素、液体或固体粉末
提升糕点色泽光亮度的必备品，根据需要选择液
体或固体粉末。用量要精准。

沾裹糖膏
以水和糖为基础原料制作，质地黏稠厚重，通常
用来给修女泡芙、闪电泡芙和其他糕点上光。糖
膏本体为白色，添加食用色素后给糕点上色。

葡萄糖
一种非晶体性质的糖，用于制作较浓的无色
糖浆。

中性亮光液、金色
又称中性淋浆液，用糖、水和葡萄糖糖浆制作，
给糕点作最后一层覆盖，使糕点看上去更有光泽
更具备视觉美味，且易于保存。

法式薄脆碎片
薄脆碎片，增添糕点的爽脆口感。

淋浆液
金色、白色或棕色。淋浆液是一种模仿巧克力的
液体，主要用于法式分层夹心蛋糕制作过程中最
后的镜面上光步骤。

可可块
块状纯可可（100%可可），赋予甘纳许巧克力
酱、奶油酱和慕斯酱等浓郁的巧克力味道。

开心果糖膏
开心果绞碎研磨后混入糖膏，使糖膏变成绿色并
富有浓郁的开心果味道。

吉士粉
也叫布丁粉，以淀粉为基础起稠化作用的材料，
主要用于制作奶油和布丁。

果仁糖
把杏仁和/或者榛果仁加糖做熟，搅拌混合至糖
膏状。

D-Day

考试当天如果你需要用糖浆来制作糖膏、爆炸面团，或是要用来滋润法式分层夹心蛋糕中的海绵蛋糕体，那就要在考试开始的时候就做好，最多只用3分钟，但是不要准备过量，考官会批评你浪费！

定义

浓稠液体，将糖融化在水中制作而成。要掌握各类基础糖浆的做法，因为在专业的糕点中会经常用到。

你知道吗？

我们是根据糖浆的状态，用视觉感官来描述糖浆的浓度的。但实际上浓度是根据波美度（溶液浓度——译者注）来衡量的。只要按照下述方法操作，未必一定要配备一只波美密度计。

浓度30波美度的糖浆是最常用到的糖浆。

制作：3分钟

工具

非常干净的煮锅，糕点刷，温度探针

原料

砂糖，水

基础糖浆

1 将水倒入煮锅。

2 加糖。

3 充分搅拌让糖融化在水中。

4 将锅放在火上加热至沸腾，让糖完全融化在水中。

以下是常用糖浆配方，根据用途和效果的不同，糖的用量或多或少。

500克水 + 125克糖 = 轻糖浆

500克水 + 175克糖 = 10波美度糖浆

500克水 + 250克糖 = 16波美度糖浆

500克水 + 400克糖 = 20波美度糖浆

500克水 + 675克糖 = 30波美度糖浆

小窍门

- 糖浆熬制的过程中糖液会溅到锅的内壁上，为了避免溅上糖液结晶，可以用湿润的糕点刷涂抹煮锅内壁。
- 使用的煮锅要非常干净，大小适合糖浆熬煮的量。
- 诵讨添加水果泥和各种香料，甚至酒精，给糖浆增加各种口味。

工具

裱花袋
裱花嘴
弧形刮板

填装裱花袋

1 将花口或平口的裱花嘴装入塑料裱花袋。

2 根据裱花嘴的尺寸剪掉裱花袋的尖端。

3 如有必要，用剪刀修整裱花袋剪口的边缘，以方便使用。

4 转动裱花嘴，使裱花袋的剪口牢牢地包裹在裱花嘴上，以防填料侧溢。

5 将裱花袋大开口一端翻开套在手上，使用弧形刮板将填料填装进裱花袋，可以依靠套着裱花袋的那只手把填料从刮板上抹下来。

6 将裱花袋平放在操作台上，利用刮板平的一侧将填料推向裱花嘴，并把空气挤出去，裱花袋大开口一侧不要有残留。

7 把裱花袋空余的部分卷绕在大拇指上，操作时一只手挤压，另一只手边托边引导裱花袋，挤出的花就会均匀一致。

小窍门

● 面糊或是填装料越稀，第4步中的裱花袋就越要"扣紧"，不然很难挤出一致的裱花。

D - Day

到考试的那天你得做得非常熟练，填装裱花袋的时间不能超过5分钟！而且考试中要求完成的所有作品几乎都要用到这个技能。

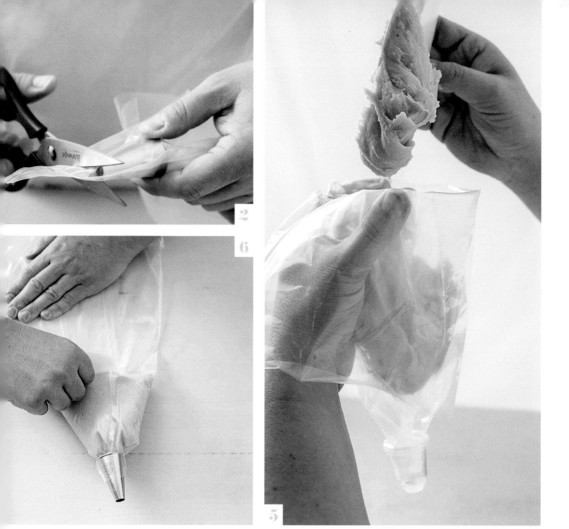

2

6

5

7 **7**

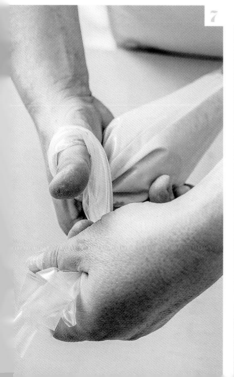

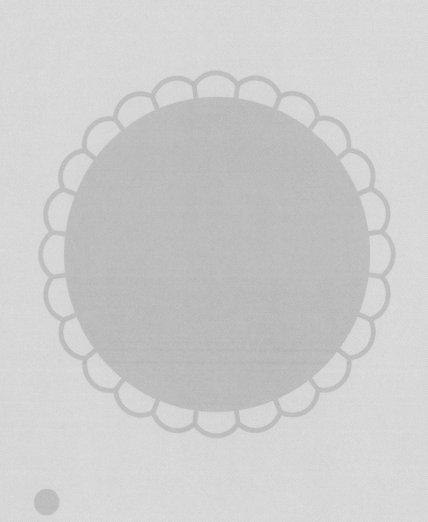

易碎沙化面团及塔坯

Les pâtes friables et tartes

定义

铺底面团是一种基础面团，可用于所有塔，正如它的名称，这个面团是用来给圆形无底烤模铺底的。

应用

法式奶油布丁（第49页）
苹果塔（第50页）
祖母苹果塔（第55页）
布赫达鲁洋梨塔（第58页）

工具

圆底搅拌盆
弧形刮板
保鲜膜
糕点擀面杖
直径20厘米、高1.5厘米的不锈钢圆形无底烤模

准备一个直径20厘米圆形无底烤模的用时

准备：10分钟
静置：30分钟

原料

面粉	175克
黄油	90克
蛋黄	20克
牛奶	20克
砂糖	20克
盐	3克

铺底面团
Pâte à foncer

1 准备和称量所有原料。

2 沙化面粉：黄油和面粉混合后用手指揉搓，直至面粉呈现出沙一般的状态。

3 将蛋黄和牛奶一起搅拌后，倒入沙化面粉。

4 加入盐和糖。

5 快速混合所有原料，但不要过度搅拌，避免面团上劲变得有弹性。

6 揉搓面团：推按揉搓面团，让所有原料充分融和，但不要揉上劲，然后用保鲜膜包裹，放入冰箱冷藏30分钟。

7 在不锈钢圆形无底烤模内侧涂抹黄油。

8 用糕点擀面杖将面团擀开呈3~4厘米厚度。

9 根据需要的尺寸切除面皮边缘多余的部分。

10 将面皮铺在圆形无底烤模上。

11 给圆形无底烤模铺底，让面皮和烤模充分贴合。

12 用擀面杖把贴了面皮的圆形无底烤模边缘擀一遍，去掉翻出来多余的部分。

13 轻按面皮的内侧边缘，使切过的面皮更光滑。

应掌握的技法

• 沙化、揉搓、擀面团，给圆形无底烤模铺底。

小窍门

• 给操作台和擀面杖撒上少许面粉（扑粉），避免面团粘黏。

D-Day
考试时面团的制作不能超过10分钟。使用前要冷藏。

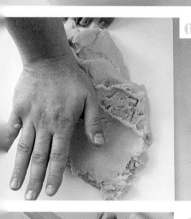

圆形无底烤模涂抹黄油是为了更好地跟面皮贴合，而且脱模更容易。

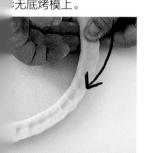

按边缘，让面皮贴在圆形无底烤模上。

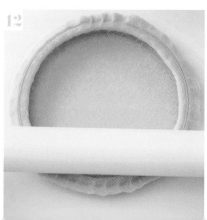

定义

一种不易碎的塔坯面团，制作方法技术难度比无奶油酥面团稍大（第29页）。

应用

蛋白霜柠檬塔（第63页）
巧克力塔（第66页）
香醍草莓塔（第71页）

工具

圆底搅拌盆
打蛋器
弧形刮板
保鲜膜
糕点擀面杖
直径20厘米、高1.5厘米的不锈钢圆形无底烤模
叉子或带刺滚筒

制作一个直径20厘米圆形无底烤模的用时

准备：15分钟
静置：冷藏1小时，或者冷冻10分钟

原料

含盐黄油	100克
糖粉	70克
盐	1克
鸡蛋	35克
面粉	175克
杏仁粉	28克

甜酥面团
Pâte sucrée

1 用打蛋器把黄油搅拌至软化膏状。

2 加入糖粉和盐，用打蛋器或刮板迅速充分搅拌。

3 加入鸡蛋。

4 用手或刮板把面粉和杏仁粉混合进来，快速和面，但不要过度，避免面团上劲而变得有弹性。

5 用刮板把面团集中聚拢，放置在保鲜膜上。

6 按平面团，覆盖保鲜膜。

7 放置冰箱冷藏1小时，或者冷冻10分钟。

8 将面皮擀开，铺底抹过黄油的圆形无底烤模（参考第24页的铺底技巧）。

应掌握的技法

• 软化搅拌黄油、擀面团、给圆形无底烤模铺底。

小窍门

• 添加面粉的同时还可以加一些擦成蓉的柠檬皮。

D-Day

考试时一定要等到面团完全凉透再擀，不然会很黏。如果粘黏，可把面团放在两张烘焙纸中间擀。

定义

一种易碎的塔坯面团，制作方法简单，在水果塔制作过程中被大量使用。无奶油酥面团给水果塔带来非常美味的口感。

应用

蓝莓塔（第74页）

工具

圆底搅拌盆
弧形刮板
糕点擀面杖
保鲜膜
直径20厘米、高1.5厘米的不锈钢圆形无底烤模
叉子或带刺滚筒

制作一个直径20厘米圆形无底烤模的用时

准备：15分钟

静置：冷藏1小时，或者冷冻10分钟

原料

面粉	250克
黄油	175克
盐	5克
糖粉	10克
鸡蛋	50克

无奶油酥面团
Pâte sablée

视频讲解

1 沙化混合了黄油、盐和糖粉的面粉：用手指把面粉捻成沙状。

2 在面粉中央做一个坑。

3 加入鸡蛋。

4 快速和面，但不要过度，避免面团上劲变得有弹性。

5 揉搓面团一次：推按揉搓面团，让所有原料充分混匀，但不要揉上劲。

6 用刮板把面团堆放在保鲜膜上。

7 擀平面团，覆盖保鲜膜。

8 放置冷藏1小时，或者冷冻10分钟。

9 将面皮擀开，铺底抹油圆形无底烤模（参考第24页的铺底技巧）。

应掌握的技法

- 沙化、揉搓、擀面团、给圆形无底烤模铺底。

小窍门

- 可以添加香料给面团增加口味。

D-Day
考试时一定要等到面团完全凉透再擀，不然会很黏。如果还是有些粘黏，可把面团放在两张烘焙纸中间再擀。

定义

一种简单的塔坯面团，制作快速，可以做成甜口味和咸口味两种（做咸口味时把糖粉去掉）。

应用

杏仁覆盆子塔（第44页）

工具

圆底搅拌盆
弧形刮板
保鲜膜
糕点擀面杖
叉子或带刺滚筒
直径18厘米、高1.5厘米的不锈钢圆形无底烤模具
削皮刀

制作一个直径18厘米圆形无底烤模的用时

<u>准备：</u> 15分钟
<u>静置：</u> 冷藏1小时，或者冷冻10分钟

原料

黄油	150克
面粉	250克
盐	5克
糖粉	10克
香草豆荚	1/2个，剖开刮籽
鸡蛋	50克
牛奶	25克

含奶油酥面团
Pâte brisée

1 沙化面粉：黄油、面粉、盐、糖粉和香草籽混合后用手指揉搓，直至面粉呈现出沙一般的状态。

2 加入流体原料：鸡蛋和牛奶。

3 用手快速混合，但不要过度，避免面团上劲变得有弹性。

应掌握的技法

● 沙化、揉搓、擀面团，给圆形无底烤模铺底。

小窍门

● 这是一款适用于所有水果塔的理想塔坯。

易碎沙化面团及塔坯

含奶油酥面团
Pâte brisée

1 揉搓面团一次：推按揉搓面团，让所有原料充分混合，但不要揉上劲。

5 用刮板把面团堆放在保鲜膜上。

6 擀平面团，覆盖保鲜膜。

7 放置冷藏1小时，或者冷冻10分钟。

8 用擀面杖把面皮擀开。

9 用叉子或带刺滚筒把面皮表面刺一遍。

10 铺底涂抹过黄油的圆形无底烤模（参考第24页的铺底技巧）。

11 用削皮刀去掉面皮翻出来多余的部分。

D-Day
考试时一定要等到面团完全凉透再擀，不然会很黏。如果还是有些粘黏，可把面团放在两张烘焙纸中间再擀。

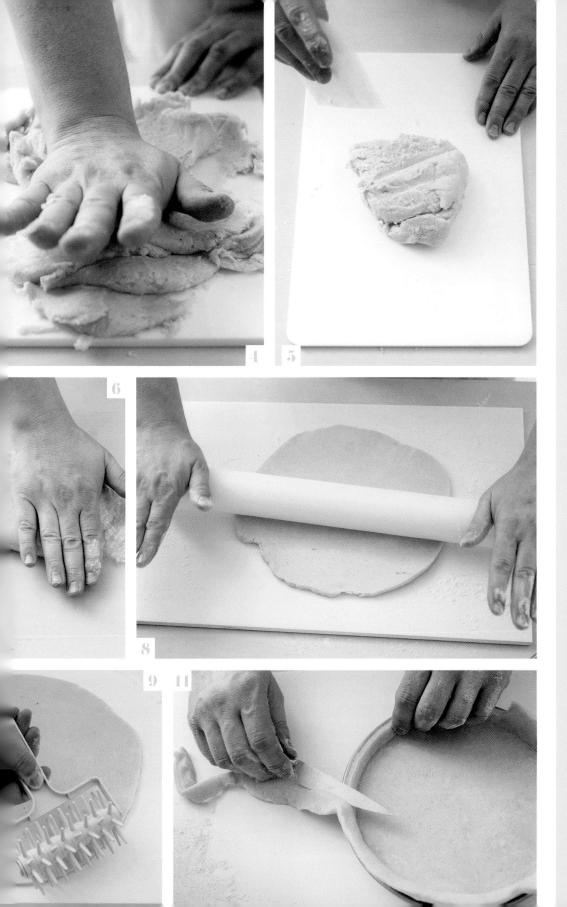

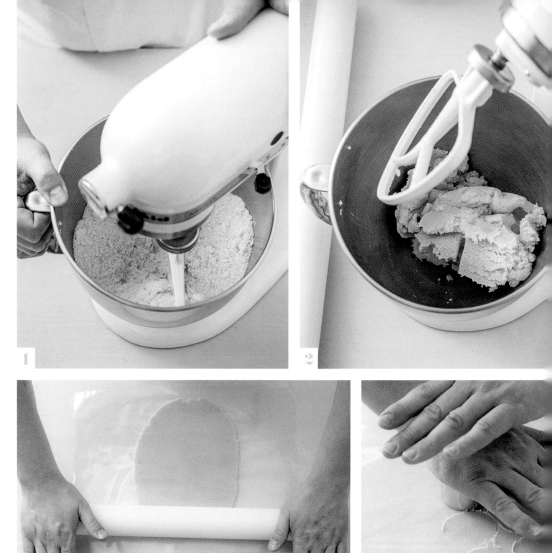

定义

一种易碎并沙质的面团。用于制作水果脆饼和小泡芙用的脆皮薄片。

应用

香醍覆盆子泡芙（第84页）
开心果闪电泡芙（第89页）
巧克力修女泡芙（第92页）
萨隆布焦糖杏仁泡芙
（第101页）

工具

带搅拌叶片的和面机
弧形刮板
糕点用透明塑料纸
糕点擀面杖
切模

制作385克面团的用时

准备：15分钟
静置：1小时

原料

黄油	115克
黄晶砂糖	135克
面粉	135克

折叠派皮和小泡芙用的脆皮薄片

Pâte à crumble et crquelin pour choux

1　将所有原料倒入配有搅拌叶片的和面机面盆里：在搅拌的初级阶段，面团应该呈现沙质。

2　继续搅拌至面团均匀。

3　制作水果脆饼：烤盘上铺放水果粒，粗略地撒上捻碎的面团，放入预热至180℃的烤箱。

4　制作小泡芙用的脆皮薄片：把面团放在两张糕点用透明塑料纸中间，用擀面杖擀成非常薄的面皮。

5　把擀好的面皮放进冰箱冷冻1小时。

6　把仍在冷冻状态的面皮用切模切成需要的尺寸。

7　把切好的薄片摆在刚刚裱好的小泡芙面糊上。

D-Day

面皮从冷冻室取出后的操作要快，不然面皮就会黏在切模上。脆皮薄片的使用要分成两步：用切模切好后再次放进冷冻室冷冻15分钟，然后再把还处在冷冻状态的薄片摆在泡芙面糊上。

应掌握的技法

• 沙化和擀面团。

小窍门

• 可以把一半的面粉用干果粉替换：杏仁、开心果或是榛子。

• 若用有盐黄油，更能增添口味。

原料

T55面粉	260克
泡打粉	1.5克
含盐黄油	150克
砂糖	50克
香草豆荚	1个，剖开刮籽
盐之花	2克
（法国顶级海盐——译者注）	
液体奶油　63克（又称淡奶油或稀奶油——译者注）	
蛋黄	20克
黄晶砂糖	300克或者白砂糖300克

钻石香草油酥饼干

Sablés diamant vanille

视频讲解

工具	制作60个饼干的用时
网筛	准备：25分钟
带搅拌叶片的和面机	烘焙：18分钟
圆底搅拌盆	静置：冷藏1小时，或冷冻10
长柄刮刀	分钟 + 出炉冷却
弧形刮板	
烤盘	
刀	

应掌握的技法

● 沙化和揉搓面团。

小窍门

● 你可以添加自己喜欢的香料来增加风味，或者擦些橙类水果的果皮蓉加在面团里。

● 这款面团生的时候易在冰箱冷冻室保存，且使用非常方便！

建议

面团越冷，面团在切的时候越不容易变形，烤出来的饼干形状就越一致。

钻石香草油酥饼干
Sablés diamant vanille

1　烤箱预热至160℃。

2　将面粉和泡打粉混合之后过筛。

3　和面机安装搅拌叶片后开始沙化面粉：黄油、已过筛的面粉和泡打粉、粗砂糖、盐之花和香草籽。此时面团应该呈现沙一般的状态。

4　加入液体奶油和蛋黄。

5　混合搅拌，但不要搅拌过度。

6　将面团倒在操作台上，揉搓面团，让所有原料充分混合，但不要揉上劲。

7　把面团搓成直径30厘米的条状棒。

8　然后放在黄晶砂糖或是白砂糖中滚一滚。

9　放入冰箱冷藏1小时，或者冷冻10分钟。

10　条状棒完全凉透后切成8毫米厚的圆片。

11　在烤盘上行与行之间交错摆放。

12　放入烤箱，烘焙18分钟。

13　小心取出饼干，放在网格架上冷却。

14　等到完全放凉后装在密封容器里，能够保存1周。

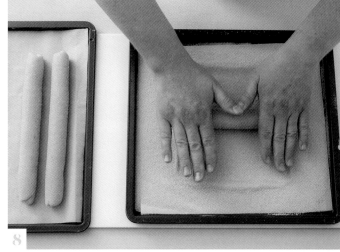
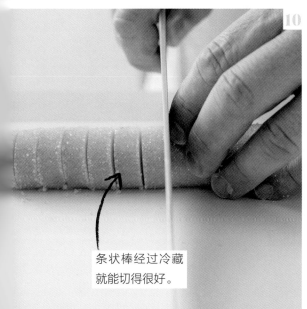
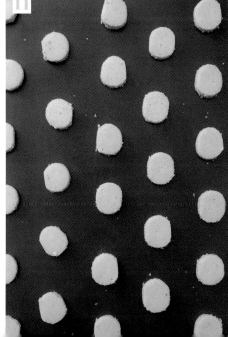

条状棒经过冷藏
就能切得很好。

准备：45分钟
烘焙：15~20分钟
静置：冷藏1小时，或者冷冻10分钟 + 出炉冷却

香草巧克力棋盘油酥饼干
Sablés damier vanille-chocolat

工具

网筛
带搅拌叶片的和面机
圆底搅拌盆
长柄刮刀
弧形刮板
烤盘
两个1厘米厚的尺子
糕点擀面杖
糕点刷
糕点用透明塑料纸

原料

| 鸡蛋 | 1个，打散后 |
| | 刷蛋液时使用 |

香草无奶油酥面团

面粉	250克
黄油	100克
含盐黄油	50克
糖粉	100克
杏仁粉	50克
香草豆荚	1个，剖开刮籽
蛋黄	50克

巧克力无奶油酥面团

面粉	240克
黄油	100克
含盐黄油	50克
杏仁粉	30克
糖粉	100克
巧克力粉	25克
蛋黄	50克

应掌握的技法

视频讲解

- 沙化和擀面团。

小窍门

- 你可以用这款面团做各种小点心，如螺旋卷或太极双色小饼干！

建议

面团越凉，切出来的小条越均匀一致。

3

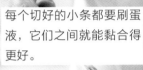

4

尺子的作用是让擀出来的面皮整体都是1厘米的厚度。

5

每个切好的小条都要刷蛋液，它们之间就能黏合得更好。

6

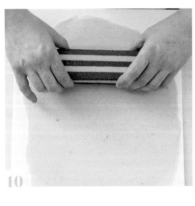

10

11

15

12

14

香草巧克力棋盘油酥饼干
Sablés damier vanille-chocolat

1 香草无奶油酥面团

参考钻石油酥饼干面团的制作方法来准备面团（第36页），步骤6完成后就把面团放入冰箱冷藏1小时，或者冷冻10分钟。

2 巧克力无奶油酥面团

用同样的方法制作，在步骤3中加入巧克力粉，然后放入冰箱冷藏1小时，或是冷冻10分钟。

3 用两把1厘米厚的尺子卡着边擀面皮，没用完的香草面团在之后的步骤中要包卷棋盘饼干用。

4 将两个擀好的面团都切成1厘米宽的条形。

5 用糕点刷给每个小条都刷上蛋液。

6 两种颜色的小条交错间差的组合起来。

7 放入冰箱冷冻10分钟，降温再切，切口就会非常整齐。

8 把剩余的香草面团铺在糕点用透明塑料纸上，擀成2厘米厚的面皮。

9 刷蛋液。

10 把冷却的小条组合放在面皮中间。

11 根据小条组合的长度切割香草面皮。

12 用香草面皮卷裹小条组合，注意黏合好切口。

13 再次放入冰箱冷冻，同时预热烤箱至170℃。

14 取出冷冻的饼干条，干净利落地切成1厘米厚的片。

15 摆放在烤盘上。

16 放入烤箱烘焙15~20分钟。

17 小心取出饼干放在网格架上冷却，保证棋盘饼干的酥脆口感。

18 等到完全放凉后装在密封容器里，能够存放1周。

准备：45分钟
烘焙：45分钟
静置：冷藏1个小时，冷冻10分钟 + 出
　　　炉冷却

杏仁覆盆子塔
Tarte amandine framboise

工具

圆底搅拌盆
弧形刮板
保鲜膜
糕点擀面杖
带刺滚筒
直径18厘米、高1.5厘米的不
　锈钢圆形无底烤模
削皮刀
烤盘
打蛋器
网格架
折角曲吻抹刀
糕点刷
手持粉筛

原料

含奶油酥面团

黄油	150克
面粉	250克
盐	5克
糖粉	10克
香草豆荚	1/2个，剖开刮籽
鸡蛋	50克
牛奶	25克

杏仁奶油酱

黄油	65克
砂糖	35克
香草豆荚	1/2个，剖开刮籽
鸡蛋	50克

杏仁粉	65克
面粉	5克
朗姆酒	5克

填料和装饰

冷冻覆盆子	125克
新鲜覆盆子	125克
杏仁薄片	10克
带籽的覆盆子果酱	
	100克（第296页）
无色淋浆	30克
椰蓉	25克
糖粉	
几片薄荷叶	

应掌握的技法	使用到的基本技法	小窍门
• 沙化、揉搓和擀面团，铺底圆形无底烤模。	• 含奶油酥面团（第30页） • 杏仁奶油酱（第234页） • 带籽的覆盆子果酱（第296页）	• 你可以用各种水果替换，优先选择那些果汁含量少的水果：梨、苹果、蓝莓、樱桃等。

杏仁覆盆子塔
Tarte amandine framboise

1 含奶油酥面团

   制作和铺底一个含奶油酥面团（第30页），放置在烤盘上。

2 杏仁奶油酱

   制作杏仁奶油酱（第234页）。

3 烤箱预热至170℃。

4 填料和装饰

   将冷冻覆盆子用带柄刮板捻碎，加到杏仁奶油酱里。

5 用刮板搅拌均匀。

6 把杏仁覆盆子奶油酱铺抹到塔坯里。

7 用抹刀抹平。

8 撒上杏仁薄片。

9 放入烤箱烘焙30~35分钟，出炉后将其放置在网格架上冷却。

10 在杏仁薄片的上面用抹刀抹一层覆盆子酱（第296页）。

11 在塔的圆周外侧刷一层无色淋浆。

12 粘上椰蓉。

13 塔的最外圈摆放一圈新鲜覆盆子。

14 用手持粉筛撒上一层糖粉。

15 用几粒覆盆子沾上稍许糖粉摆在中间，再点缀几片薄荷叶。

冷冻的覆盆子更
容易掰碎。

4

5

7 8

10 11

无色淋浆可以让
椰蓉更好地附着
在塔的四周。

12 14

应掌握的技法

- 沙化、揉搓和擀面团，铺底圆形无底烤模，
打发混料，制作奶油酱。

用到的基本技法

- 铺底面团（第24页）
- 布丁奶油酱（第226页）

小窍门

- 你可以加些果汁含量少的水果，如杏、煎熟
的苹果丁、葡萄干或李子干。

- 你也可以用巧克力、开心果或者咖啡给布丁
奶油酱增加风味。

准备：1小时

烘焙：1小时10分钟

静置：30分钟 + 出炉冷却

易碎沙化面团及塔坯

法式奶油布丁
Flan pâtissier

工具

圆底搅拌盆

弧形刮板

保鲜膜

糕点用擀面杖

直径20厘米、高4.5厘米的不
锈钢圆形无底烤模

烤盘

煮锅

打蛋器

长柄刮刀

折角曲吻抹刀

原料

铺底面团

面粉	175克
黄油	90克
蛋黄	20克
牛奶	20克
砂糖	20克
盐	3克

布丁奶油酱

全脂牛奶		500克
液体奶油（稀奶油）		125克
砂糖		80克
含盐黄油		50克
香草豆荚	3个，剖开刮籽	
蛋黄		100克
布丁粉		50克

1 铺底面团

制作一个铺底面团（第24页），完成到步骤6。

2 用擀面杖将面团擀成4~5厘米厚的面皮，撒少许面粉在面皮上

3 用面皮铺底抹过黄油的圆形无底烤模（参考第24页的铺底技巧）。

4 将面皮放入冷冻室静置，直到完成奶油酱的制作。

5 布丁奶油酱

制作布丁奶油酱（第226页）。

6 取出冷冻塔坯，趁热将布丁奶油酱倒入塔坯中。

7 用抹刀把奶油酱抹平。

8 室温静置30分钟。

9 烤箱预热至180℃。

10 放入烤箱烘焙1小时。

D Day

考试中不要推迟制作奶油布丁，因为要考虑
到烘焙前的静置和品尝前的冷却时间。

法式甜点烘焙

准备：1小时
烘焙：55分钟
静置：30分钟 + 出炉冷却

苹果塔
Tarte aux pommes

工具

圆底搅拌盆
弧形刮板
保鲜膜
糕点用擀面杖
直径20厘米、高1.5厘米的不
　锈钢圆形无底烤模
烤盘
夹花钳
刀
网格架
菜板
盘子
煮锅
长柄刮刀
糕点刷

原料

铺底面团

面粉	175克
黄油	90克
蛋黄	20克
牛奶	20克
砂糖	20克
盐	3克

糖煮苹果

苹果	400克
水	30克
砂糖	30克
香草豆荚	1/2个，剖开刮籽
黄油	50克

塔面铺料

苹果	3~4个
黄油	100克
蜂蜜	25克
香草豆荚	1个，剖开刮籽
无色淋浆	50克

应掌握的技法

● 沙化、揉搓、擀面团，铺底
　圆形无底烤模，苹果切片。

使用到的基本技法

● 铺底面团（第24页）

小窍门

● 你可以加些桂皮，因为桂
　皮和苹果搭配很经典。

D-Day
合理安排时间：利用
饼皮静置的时间制作
煮苹果。

苹果塔
Tarte aux pommes

1 铺底面团

制作一个铺底面团（第24页），擀开并给圆形无底烤模铺底（第24页），然后放置在烤盘上。

2 用夹花钳给塔坯四周夹花。

3 糖煮苹果

苹果去皮切丁。

4 放入煮锅，加水、砂糖和香草豆荚，中火煮制10分钟左右。

5 离火加入黄油，搅拌。

6 倒入盘中冷却。

7 冷却后将糖煮苹果填入塔坯中。

8 塔面铺料

苹果去皮，切成两半去核，平放在菜板上，切薄片。

9 如花环一般把苹果片一片一片的铺在糖煮苹果上。

10 继续铺第二圈，然后更小的第三圈，最后几片苹果漂亮地叠放在一起。

11 将烤箱预热至170℃。

12 同时加热黄油、蜂蜜和香草籽的混合液。

13 趁热用糕点刷把混合液刷在摆放好的苹果片上。

14 放入烤箱烘焙45分钟。

15 出炉后，给烤好的苹果塔再刷一层无色淋浆。

刀尖测试糖煮苹
火候。

用刀尖把第一片挑起来，然
后把最后一片压在下面。

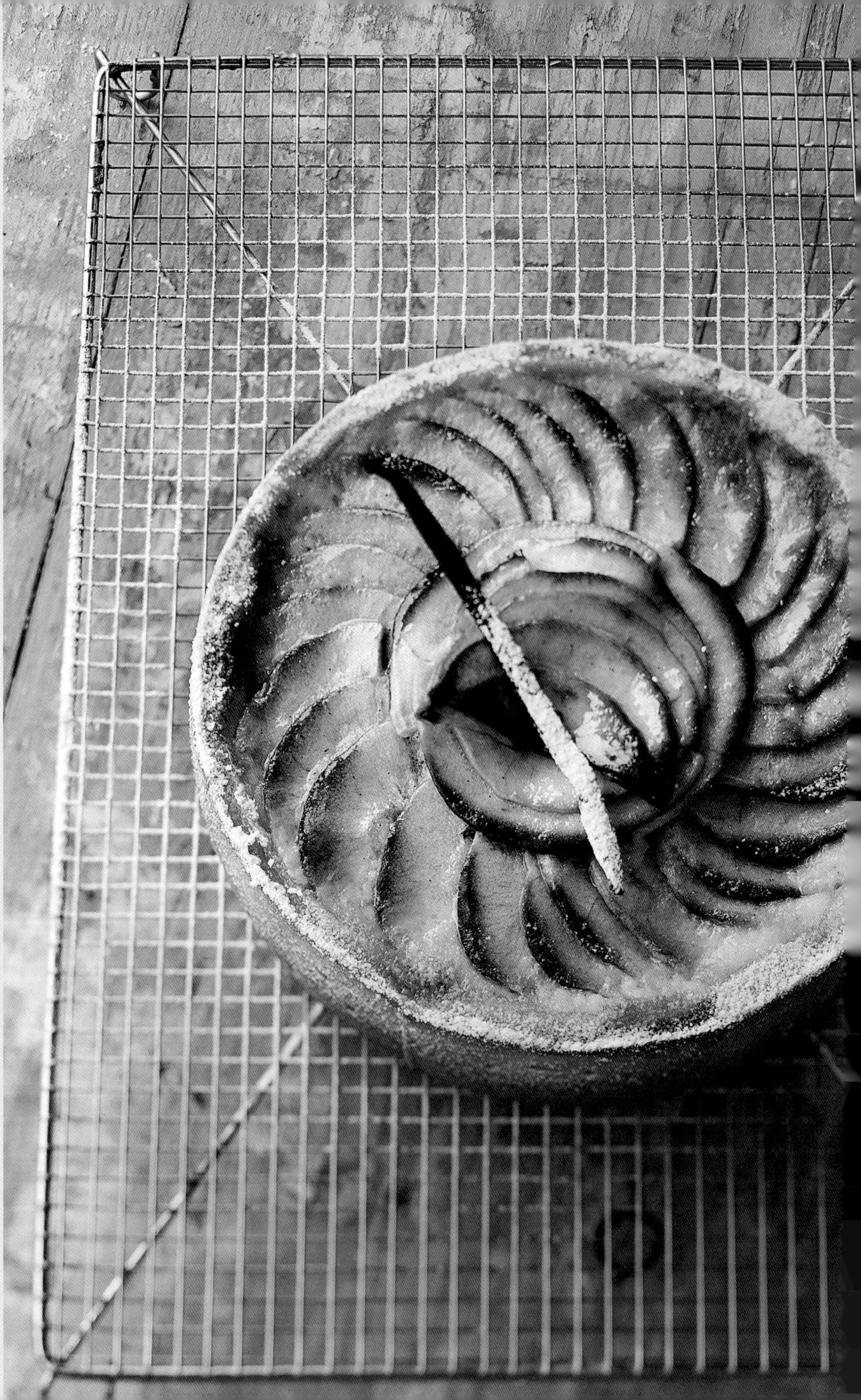

视频讲解

制作1个直径20厘米苹果塔的用时

准备：50分钟

烘焙：1小时

静置：30分钟 + 出炉冷却

祖母苹果塔

Tarte aux pommes grand-mère

工具

圆底搅拌盆

弧形刮板

保鲜膜

糕点用擀面杖

直径20厘米、高4.5厘米的不
锈钢圆形无底烤模

烤盘

水果刀

菜板

网格架

打蛋器

煮锅

大汤勺

手持粉筛

原料

铺底面团

面粉	175克
黄油	90克
蛋黄	20克
牛奶	20克
砂糖	20克
盐	3克

苹果

4个

诺曼底塔汁

黄油	125克
砂糖	125克
鸡蛋4个	
液体奶油（稀奶油）	100克
香草豆荚	1个，剖开刮籽
糖粉	

D-Day

- 有效安排时间：在铺底面团静置的这段时间来切苹果和准备诺曼底塔汁。

- 考试时祖母苹果塔的制作不能推后，因为要考虑到品尝前的出炉冷却时间。

应掌握的技法

- 沙化、揉搓、擀面团，铺底圆形无底烤模，苹果切片。

使用到的基本技法

- 铺底面团（第24页）

小窍门

- 你可以用其他水果代替苹果，如梨、李子干或芒果。

祖母苹果塔

Tarte aux pommes grand-mère

1 铺底面团

制作一个铺底面团（第24页），擀开并给圆形无底烤模铺底（第24页），然后将其放置在烤盘上。

2 苹果

去皮切片。

3 将苹果片铺在塔坯里。

4 诺曼底塔汁

加热黄油和砂糖的混合料。将烤箱预热至170℃。

5 用打蛋器将鸡蛋和液体奶油混合搅拌。

6 加入香草籽和融化的黄油。

7 将这个混合料（诺曼底塔汁）淋在铺好苹果片的塔坯里。

8 将其放入烤箱烘焙1个小时。

9 取出苹果塔放在网格架上，脱掉圆形无底烤模，使其冷却。

10 用手持粉筛给苹果塔边缘撒上糖粉。

11 也可以放一枝香草豆荚来点缀苹果塔。

制作1个直径20厘米洋梨塔的用时

准备：1个小时
烘焙：45分钟
静置：30分钟 + 出炉冷却

布赫达鲁洋梨塔
Tarte Bourdaloue

工具

圆底搅拌盆
弧形刮板
保鲜膜
糕点用擀面杖
直径20厘米、高1.5厘米的不
　锈钢圆形无底烤模
硅胶垫
网格架
水果刀
菜板
打蛋器
削皮器
果肉挖球刀
折角曲吻抹刀
糕点刷
手持粉筛

原料

铺底面团

面粉	175克
黄油	90克
蛋黄	20克
牛奶	20克
砂糖	20克
盐	3克

洋梨
8个切成一半的糖水洋梨

杏仁奶油酱

黄油	65克
砂糖	35克
蛋黄	50克
杏仁粉	65克
面粉	5克
朗姆酒	5克
香草豆荚	1/2个，剖开刮籽

塔面装饰

迷你糖水洋梨	1个
杏仁薄片	25克
无色淋浆	25克
糖粉	

应掌握的技法

- 沙化、揉搓、擀面团，铺
  底圆形无底烤模，洋梨切
  片，打发黄油。

使用到的基本技法

- 铺底面团（第24页）
- 杏仁奶油酱（第234页）

小窍门

- 你可以用浓度15°的糖浆自己
  煮迷你洋梨（650克砂糖＋1
  升水，煮沸）。

布赫达鲁洋梨塔
Tarte Bourdaloue

1　铺底面团

制作一个铺底面团（第24页）。擀开，给圆形无底烤模铺底，将塔坯底部均匀刺孔（避免产生气泡，以使塔皮均匀膨胀——译者注。）一遍（第24页）。烤网铺上硅胶垫，然后把塔坯放在硅胶垫上。

2　洋梨

把糖水洋梨切成约2毫米厚并且均匀的片，并保持洋梨半切的整体形状。

3　杏仁奶油酱

制作杏仁奶油酱（第234页）。

4　将烤箱预热至170℃。

5　将杏仁奶油酱填入塔坯。

6　用折角曲吻抹刀把酱抹平。

7　用抹刀把片好的梨铺在杏仁奶油酱上，尖的一端朝向中心。

8　把迷你糖梨摆在中央。

9　在洋梨之间的空隙部分撒上杏仁片，要把奶油都覆盖住。

10　将其放入烤箱烘焙45分钟。

11　将洋梨塔从烤箱取出后，如有必要可以用削皮器把塔的周围修整得更光滑（去除毛刺）。

12　塔面装饰

用糕点刷给塔面刷一层无色淋浆。

13　用手持粉筛给铺有杏仁薄片的部分撒上糖粉。

D-Day
有效安排时间：利用铺底面团静置的时间来给洋梨切片，并准备杏仁奶油酱。还要考虑出炉后的冷却时间，布赫达鲁洋梨塔品尝的时候应该是温的，而不是烫的。

2　6

7　9

12　13

准备：1个小时

烘焙：25~35分钟

静置：冷藏1个小时，或是冷冻10分钟 + 出炉冷却

蛋白霜柠檬塔
Tarte au citronmeringuée

工具

圆底搅拌盆

打蛋器

弧形刮板

保鲜膜

糕点擀面杖

直径20厘米、高1.5厘米的不
　锈钢圆形无底烤模

网格架

烤盘

煮锅

盘子

折角曲吻抹刀

温度探针

糕点刷

带打蛋器的料理机

裱花袋

花口裱花嘴

平口裱花嘴

细蓉擦刀

糕点喷枪

手持粉筛

原料

甜酥面团（第26页）

含盐黄油	100克
糖粉	70克
盐	1克
鸡蛋	35克
面粉	175克
杏仁粉	28克

柠檬酱

柠檬汁	75克
柠檬皮擦蓉	1个柠檬的皮
鸡蛋	55克
砂糖	75克
黄油	120克

意式蛋白霜

水	30克
砂糖	150克
蛋清	90克

表面装饰

青柠檬	1个
糖粉	
罗勒叶（又称九层塔或金不换——译者注）	几片

应掌握的技法

- 沙化面团，铺底圆形无底
  烤模，打发黄油，制作基
  础糖浆（第19页），打发混
  合料，填装裱花袋和裱花。

使用到的基本技法

- 甜酥面团（第26页）
- 意式蛋白霜（第194页）

小窍门

- 生面皮冷冻成塔坯后，取
  出立刻放入烤箱烘焙，这
  种方法不需要使用烘焙的
  压底重物，所以可以节省
  时间。你可以用其他柑橘
  类的果汁，或奇异果果汁
  代替柠檬汁。

蛋白霜柠檬塔
Tarte au citronmeringuée

1 甜酥面团

参考第26页制作甜酥面团，擀成3毫米厚的面皮。

2 刺孔后铺底抹过黄油的圆形无底烤模（参考第24页的铺底技巧）。

3 塔坯放入冰箱冷冻10分钟，或者冷藏1小时。

4 烤箱预热至180℃，清烤塔坯15~20分钟。

5 柠檬酱

将所需原料全部倒入煮锅。

6 边搅拌边加热至沸腾。

7 中火熬煮3分钟，期间不停地搅拌，直至原料变成半透明状。

8 将其倒入盘中，紧贴柠檬酱覆盖保鲜膜，并放入冰箱冷藏。

9 冷却后取出填入烤熟的塔坯中，用抹刀抹平。

10 意式蛋白霜

参考第194页制作意式蛋白霜，并将其放凉。

11 表面装饰

在柠檬塔的整个表面都均匀裱上蛋白霜，花口和平口裱花交替使用。

12 用细蓉擦刀和青柠檬给表面擦蓉。

13 用喷枪给蛋白霜稍微着色。

14 在裱花的空隙中点缀几片青柠檬。

15 柠檬塔的四周用粉筛撒些糖粉。

16 点缀几片罗勒叶。

D-Day

合理安排时间，利用塔坯冷藏这段时间来制作意式蛋白霜。注意，蛋白霜必须要完全放凉后才能使用。

制作1个直径20厘米巧克力塔的用时

准备：1个小时

烘焙：30分钟

静置：冷藏1个小时，或者冷冻10分钟 + 30分钟 + 1个小时 + 5分钟的冷却时间

巧克力塔
Tarte au chocolat

工具

圆底搅拌盆

弧形刮板

保鲜膜

糕点用擀面杖

直径20厘米、高1.5厘米的不
   锈钢圆形无底烤模

烤盘

削皮器

长柄刮刀

网格架

盘子

打蛋器

三角漏勺

温度探针

刀

D-Day
注意冷却的时间，巧克力塔要放凉后才能品尝。合理安排时间：利用甘纳许巧克力酱的静置时间来制作巧克力淋浆。

原料

可可甜酥面团

含盐黄油	100克
糖粉	70克
盐	1克
鸡蛋	40克
面粉	150克
杏仁粉	28克
可可粉	25克

甘纳许巧克力酱

全脂鲜奶油	190克
葡萄糖浆	20克
可可含量70%的可可脂板	150克
含盐黄油	25克

巧克力镜面淋浆

水	280克
砂糖	360克
全脂鲜奶油	210克
明胶	14克

表面装饰

金叶

应掌握的技法

- 打发黄油，擀面团，铺底圆形无底烤模，淋浆。

使用到的基本技法

- 甜酥面团（第26页）
- 甘纳许巧克力酱（第241页）
- 巧克力镜面淋浆（第295页）

小窍门

- 如果没有葡萄糖浆，可以用蜂蜜代替。葡萄糖浆是专业糕点师的用料，用它做出来的成品表面会更亮，质地更细腻。葡萄糖浆可使甘纳许巧克力酱不会很快变干。

巧克力塔

Tarte au chocolat

1 甜酥面团

参考第26页，按照第66页的用量制作甜酥面团，在第4步中加入可可粉，擀成3毫米厚的面皮。

2 刺孔后铺底抹过油的圆形无底烤模（参考第24页的铺底技巧）。

3 塔坯放入冰箱冷冻10分钟，或者冷藏1小时。

4 烤箱预热至180℃，清烤塔坯30分钟。

5 出炉后如有需要，可以用削皮器修整塔边（去除毛刺）。

6 将塔坯放置在烤盘上。

7 甘纳许巧克力酱

制作甘纳许巧克力酱（第241页）。

8 将甘纳许巧克力酱倒入塔坯中。

9 冷藏30分钟，以使甘纳许巧克力酱凝固。

10 取出放置在网格架上，在网格架下面放置一个大盘子。

11 巧克力镜面淋浆

制作镜面淋浆（第295页）。

12 将淋浆液淋在巧克力塔上。

13 要淋得均匀，并用抹刀抹平。

14 用刀尖挑破小气泡。静置5分钟。

15 表面装饰

用金叶装饰表面。

准备：1小时20分钟

烘焙：45分钟

静置：冷藏1个小时，或是冷冻10分钟 + 出炉冷却

香醍草莓塔
Tarte aux fraises chantilly

工具

圆底搅拌盆

打蛋器

弧形刮板

保鲜膜

糕点擀面杖

直径20厘米、高1.5厘米的不
　锈钢圆形无底烤模

烤盘

网格架

折角曲吻抹刀

长柄刮刀

煮锅

温度探针

电动搅拌机

糕点刷

裱花袋

平口和花口的裱花嘴

刀

手持粉筛

原料

甜酥面团

含盐黄油	100克
糖粉	70克
盐	1克
鸡蛋	35克
面粉	175克
杏仁粉	28克

杏仁开心果奶油酱

黄油	50克
杏仁粉	50克
砂糖	50克
鸡蛋	50克
开心果糖膏	10克

塔面铺料

草莓	250克
开心果	15~20个
带籽的覆盆子果酱	
75克（第296页）	

马斯卡彭香醍奶油酱

全脂液体奶油	310克
马斯卡彭香醍奶油	190克
香草豆荚	2个，剖开去籽
糖粉	40克

表面装饰

无色淋浆	50克
开心果粉	10克
金叶	

几个包金开心果

几个野生草莓（比普通草莓
小很多——译者注）

糖粉

几朵糖膏装饰花

应掌握的技法	使用到的基本技法	小窍门
• 打发黄油，擀面团，铺底圆形无底烤模，打发奶油，填装裱花袋，裱花。	• 甜酥面团（第26页） • 杏仁奶油酱（第234页） • 带籽的覆盆子果酱（第296页） • 马斯卡彭香醍奶油酱（第217页）	• 你可以用开心果粉代替杏仁奶油中的杏仁粉。

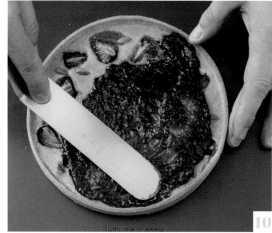

裱花没裱好? 别紧张,
草莓会遮住的!

香醍草莓塔

Tarte aux fraises chantilly

1 甜酥面团

　制作甜酥面团（第26页）。

2 杏仁开心果奶油酱

　按照本食谱的用量制作杏仁开心果奶油酱。

3 加入开心果糖膏，搅拌。

4 用奶油酱填满一半的塔坯。

5 烤箱预热至180℃。

6 塔坯填料

　将4~5个草莓去叶切成4瓣，16~18个草莓保持完整，其余的切成两半。

7 用大约15个1/4瓣的草莓和15个开心果铺放在奶油酱上。

8 放入烤箱烘焙30~40分钟。

9 取出静置至完全冷却。

10 用抹刀在上面抹一层覆盆子酱。

11 马斯卡彭香醍奶油酱

　制作马斯卡彭香醍奶油酱（第217页）。

12 使用平口裱花嘴，填装裱花袋（第20页），裱花粗细大约为3毫米，在塔面上盘花。

13 表面装饰

　塔的外圈摆放完整的草莓。

14 中间两圈用切成半个的草莓摆满。

15 用糕点刷给草莓和塔的四周刷一层无色淋浆液。

16 然后四周扑上开心果粉。

17 用花口裱花嘴，在塔的中央裱一个漂亮的球状花。

18 最后的装饰：金叶，包金开心果，用粉筛撒过糖粉的野生小草莓。

制作1个直径20厘米蓝莓塔的用时

准备：1小时

烘焙：40分钟

静置：冷藏1个小时，或者冷冻10分钟 + 出炉冷却

蓝莓塔
Tarte aux myrtilles

工具

圆底搅拌盆

弧形刮板

保鲜膜

糕点擀面杖

直径20厘米、高1.5厘米的不
　锈钢圆形无底烤模

烤盘

叉子

打蛋器

折角曲吻抹刀

网格架

削皮器

直径18厘米的不锈钢圆形无
　底烤模

煮锅

糕点刷

电动搅拌机

裱花袋

平口裱花嘴

喷枪

原料

无奶油酥面团

面粉	250克
黄油	175克
盐	4克
糖粉	10克
鸡蛋	50克

杏仁蓝莓奶油酱

黄油	75克
砂糖	50克
鸡蛋	75克
杏仁粉	75克
面粉	10克
香草萃取液	5克
冷冻蓝莓	100克

蓝莓果酱

冷冻蓝莓	300克
金色镜面淋浆	100克

意式蛋白霜

蛋清	90克
砂糖	150克
水	50克

表面装饰

鹅梅（类似醋栗——译者注）	
	6个
新鲜蓝莓	8个
糖粉意式蛋白霜	50克
（制作如上所述）	
三色堇	1朵

应掌握的技法	使用到的基本技法	小窍门
• 沙化、揉搓和擀面团，铺底圆形无底烤模，打发黄油，填装裱花袋，裱花。	• 无奶油酥面团（第29页） • 杏仁奶油酱（第234页） • 意式蛋白霜（第194页）	• 这款塔可以用其他水果来做，茶藨果、樱桃或醋栗。

蓝莓塔
Tarte aux myrtilles

1　无奶油酥面团

制作油酥面团（第29页）。

2　烤箱预热至170℃

3　杏仁蓝莓奶油酱

按照本食谱的用量制作杏仁奶油酱（第234页）。

4　加入香草萃取液和冷冻状态的蓝莓，搅拌。

5　用杏仁蓝莓奶油酱填满塔坯底部。

6　用抹刀抹平。

7　放入烤箱烘焙30~35分钟。

8　出炉放置在网格架上冷却，然后脱模。

9　如有需要，用削皮器修整塔边（去除毛刺）。

10　蓝莓果酱

在煮锅中加热融化金色镜面淋浆液 。

11　加入冷冻的蓝莓。

12　在塔坯的中央放置18厘米的圆形无底烤模，向其中倒入蓝莓果酱。

13　冷藏10分钟后，再把圆形无底烤模取下来。

14　意式蛋白霜

制作蛋白霜（第194页）。

15　装饰

将蛋白霜填入平口裱花嘴的裱花袋（第20页）。

16　在蓝莓酱的四周裱一圈花。

17　喷枪上色。

18　最后的装饰：几颗撒过糖粉的新鲜蓝莓，几个鹅梅，几朵三色堇。

D-Day

蛋白霜很难准备小分量，但大分量用剩的蛋白霜不要扔，考官非常不喜欢这样做！用裱花袋装好，留作他用。

6 7

10 13

17 19

泡芙面坯

La pâte à choux

法式甜点烘焙

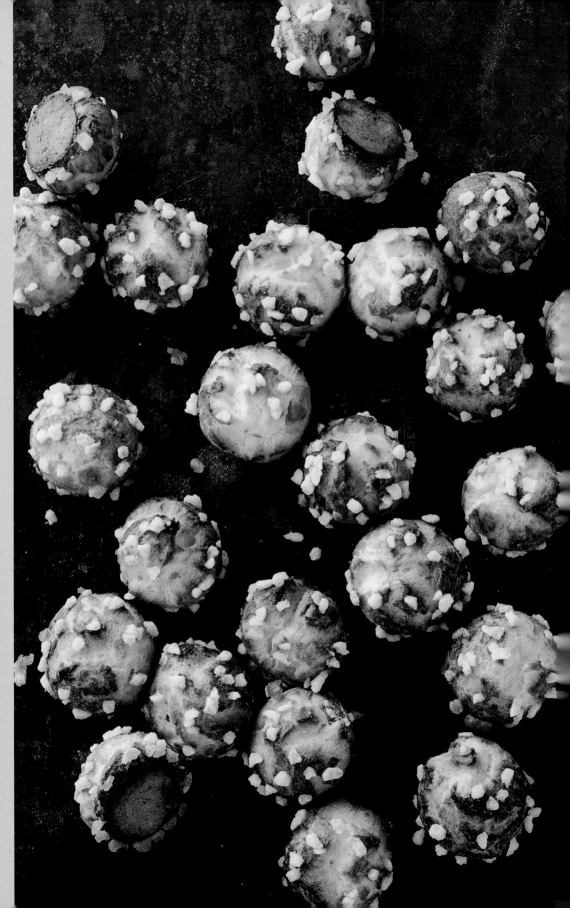

准备：35分钟

烘焙：30分钟

糖粒小泡芙
Pâte à choux chouquettes

视 频 讲 解

定义

一种质地膨松多空洞的面团，是很多法式传统甜点的基础。

应用

香醍覆盆子泡芙（第84页）
开心果闪电泡芙（第89页）
巧克力修女泡芙（第92页）
巴黎-布雷斯特泡芙（第96页）
萨隆布焦糖杏仁泡芙（第101页）
圣多诺黑覆盆子泡芙塔（第104页）

工具

网筛
煮锅
长柄刮刀
弧形刮板
圆底搅拌盆
配有扇叶的搅拌机
裱花袋
平口裱花嘴
烤盘

原料

泡芙面坯

面粉	150克
牛奶	250克
黄油	100克
砂糖	5克
盐	5克
鸡蛋210~265克（根据面糊加热后脱水的情况来定）	

小泡芙的装饰

糖粒	100克

应掌握的技法

- 填装裱花嘴，裱花。

小窍门

- 你可以提前一天准备泡芙面坯，因为醒发时间越长，烤出来的成品膨胀得越均匀。还可以在泡芙上撒些结晶盐花，或是甘蔗粗糖，风味更佳。

建议
出炉后稍微晾凉的糖粒小泡芙才是最美味的。

糖粒小泡芙
Pâte à choux chouquette

1　泡芙面坯

　　面粉过筛。

2　将牛奶倒入煮锅，加入切成小丁的黄油。

3　加糖和盐。

4　加热奶锅，时不时地用刮板搅拌。

5　等黄油完全融化后，继续加热至沸腾。

6　将锅离火，加入筛过的面粉。

7　用刮板迅速搅拌，以免面粉结球。

8　将锅再次放在火上加热，使面糊脱水，变成均匀的面团。

9　将面团放入搅拌机中。

10　开始搅拌，并逐渐加入打散的蛋液。

11　继续搅拌，直到面糊变得顺滑。

12　小泡芙

　　填装裱花袋，使用泡芙面糊专用的平口裱花嘴（第20页）。

13　将烤箱预热至170℃。

14　在烤盘上裱花，裱成迷你甘蓝的形状，直径3~4厘米。

15　撒上糖粒，倾斜烤盘，抖掉多余的糖粒。

16　将其放入烤箱，烘焙30分钟。

香醍覆盆子泡芙
Choux chantilly framboise

制作8个泡芙的用时

准备：40分钟

烘焙：50分钟

工具

配有扇叶和搅拌叶的搅拌机
弧形刮板
糕点用透明塑料纸
糕点擀面杖
直径5厘米的切模
面粉筛
煮锅
长柄刮刀
圆底搅拌盆
裱花袋
10号平口裱花嘴
10号花口裱花嘴
烤盘
糕点刷
叉子
锯齿刀
打蛋器
温度探针
细蓉擦刀
手持粉筛

原料

折叠派皮

黄油	115克
黄晶砂糖砂糖	135克
面粉	135克

泡芙面坯

面粉	75克
牛奶	125克
黄油	50克
砂糖	5克
盐	2克
鸡蛋	133克
一个鸡蛋打散上色	

马斯卡彭香醍奶油酱

液体奶油	310克
马斯卡彭奶油	180克
糖粉	40克
香草豆荚	2个，剖开刮籽

覆盆子混合酱

带籽的覆盆子果酱（第296页）	
	100克
覆盆子	200克
绿柠檬汁	20克
1/2个绿柠檬皮擦蓉	

组合和装饰

糖粉	
覆盆子	200克
绿柠檬的皮擦蓉	

应掌握的技法

- 沙化和擀面团，填装裱花袋，裱花，打发奶油。

使用到的基本技法

- 泡芙面坯（第81页）
- 折叠派皮（第35页）
- 马斯卡彭香醍奶油酱（第217页）
- 带籽的覆盆子果酱（第296页）

小窍门

- 如果你的厨房很热，就把搅拌盆和打蛋器放进冷冻室降温30分钟，然后再打发香醍奶油。

D-Day

先做折叠派皮，因为要冷藏1个小时。等到最后一分钟再填装泡芙酱芯，这样能最大程度地保持泡芙的酥脆口感。

香醒覆盆子泡芙
Choux chantilly framboise

1　折叠派皮

　　制作折叠派皮（第35页）。

2　泡芙面坯

　　按照本食谱的用量制作泡芙面坯（第81页）。填装裱花袋（第20页），使用泡芙专用裱花嘴。

3　将烤箱预热至165℃。

4　在烤盘上把面糊裱成小球，直径4~5厘米。

5　考试的时候你可以选择带脆皮的或不带脆皮的泡芙球。如果选不带脆皮的，就要刷蛋液，并用叉子压花；如果选带脆皮的就要放脆皮。

6　将其放入烤箱烘焙35~40分钟。

7　卡斯卡彭香醒奶油酱

　　按照本食谱的用量制作马斯卡彭香醒奶油酱（第217页）。裱花袋安放花口裱花嘴，然后把奶油填装在裱花袋内（第20页）。

8　泡芙球晾凉后，用锯齿刀在靠近顶部1/3处把泡芙球切成两半。

9　切下来的顶部用直径5厘米的切模整齐压模（去毛刺）。

10　覆盆子混合酱

　　制作覆盆子酱（第296页），留出2汤匙的量在装饰时使用。

11　将覆盆子酱和新鲜覆盆子混合，加入绿柠檬汁。

12　用细蓉擦刀把绿柠檬皮擦蓉，加入混合酱中。

13　用混合酱填装泡芙壳。

14　组合和装饰

　　在混合酱上裱1个漂亮的花球。

15　花球周围摆放一圈覆盆子。

16　用细蓉擦刀擦一些柠檬皮蓉。

17　盖上泡芙球的小帽子，裱少许覆盆子酱在帽子顶上。

18　摆放半个覆盆子在顶部，用手持粉筛撒上糖粉。

如果你不选用脆皮，就要给泡芙球刷蛋液并用叉子压花。

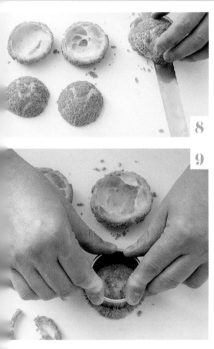

制作8人份的用时

准备：45分钟

烘焙：45~50分钟

开心果闪电泡芙
Eclairs pistache

工具

配有打蛋器的搅拌机
弧形刮板
糕点用透明塑料纸
糕点擀面杖
面粉筛
煮锅
长柄刮刀
圆底搅拌盆
裱花袋
13号平口裱花嘴
烤盘
网格架
打蛋器
盘子
保鲜膜
6号不锈钢花口裱花嘴
折角曲吻抹刀
平抹刀

D-Day
使用温度探针来测温度，不要用手指，要注意食品卫生。考试的时候可以不用脆皮，可在烘焙前给泡芙刷蛋液，用叉子压花。

原料

折叠派皮

黄油	115克
黄晶砂糖砂糖	135克
面粉	135克

泡芙面坯

面粉	75克
牛奶	125克
黄油	63克
砂糖	2克
盐	2克
鸡蛋	150克

开心果卡仕达奶油酱

全脂牛奶	500克
香草豆荚	1个，剖开刮籽
砂糖	50克
吉士粉	45克
鸡蛋	100克
开心果糖膏	15~20克

装饰
白色沾裹糖膏　　　250克
几滴开心果口味的带有金属
　　光泽的绿色食用色素
根据白色沾裹糖膏的质感，
　　准备少许浓度30°的糖浆
几个金色开心果

应掌握的技法

- 沙化和擀面团，填装裱花袋，裱花，制作奶油酱，用糖膏上光。

使用到的基本技法

- 泡芙面坯（第81页）
- 折叠派皮（第35页）
- 卡仕达奶油酱（第218页）

小窍门

- 如果食用色素的绿色太浓，就加一点黄色让绿色更柔和。如果糖浆超过了37℃，就用浓度30波美度的糖浆来降温（45克的糖和40克的开水制作浓度30波美度的糖浆）。

视频讲解

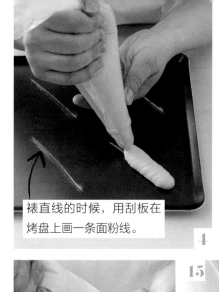

裱直线的时候，用刮板在
烤盘上画一条面粉线。

4 5

11

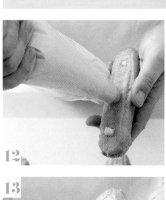

12

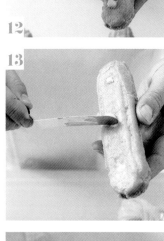

13

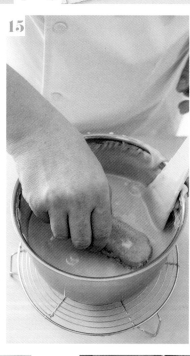

15

16

17 18

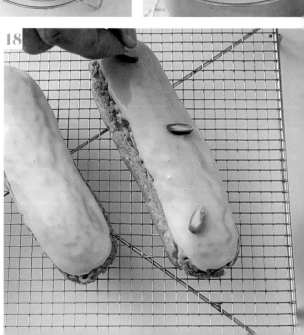

开心果闪电泡芙
Eclairs pistache

1 折叠派皮

制作折叠派皮（第35页），完成到第5步。

2 泡芙面坯

按照本食谱的用量制作泡芙面坯（第81页）。填装裱花袋（第20页），使用13号泡芙专用裱花嘴。

3 将烤箱预热至150℃。

4 在烤盘上裱出长12~14厘米的闪电形状的泡芙面糊。

5 脆皮面皮切成长条形，与闪电泡芙同一个尺寸，切的时候可以用糕点垫板作标尺比着切。

6 把切好的脆皮摆在闪电泡芙上。

7 放入烤箱内烘焙35~40分钟。

8 出炉后将其放在网格架上冷却。

9 开心果卡仕达奶油酱

按照本食谱的用量制作卡仕达奶油酱（第218页），其中第7步完成后加入开心果糖膏。

10 表面装饰

用热水回温沾裹糖膏，不要搅动，放置在操作台上，然后填装泡芙壳。

11 用6号裱花嘴在泡芙壳的底部钻3个小孔。

12 饱满地填装卡仕达奶油酱，先从两边的小洞开始，再填中间的，直到奶油酱填满溢出。

13 用折角曲吻抹刀刮去溢出的酱料。

14 倒掉沾裹糖膏上多余的水，然后加入食用色素和萃取液搅拌，使用时温度应该是35~37℃。

15 给每个泡芙表面沾上糖膏。

16 用食指或者抹刀刮去多余的糖膏。

17 用手指给附着的糖膏整形，要边缘清晰，不粘黏。

18 把金色开心果切成两半，装饰闪电泡芙。

制作8个泡芙的用时

准备：2小时
烘焙：50~55分钟
静置：出炉冷却

小窍门

- 你可以用一半的水和一半的牛奶来制作泡芙的面坯，烤好的泡芙口感会更柔软。

巧克力修女泡芙

Religieuses au chocolat

工具

配有扇叶和搅拌叶的搅拌机
弧形刮板
糕点用透明塑料纸
糕点擀面杖
面粉筛
煮锅
长柄刮刀
圆底搅拌盆
裱花袋
平口裱花嘴
烤盘
直径5厘米的切模
直径3厘米的切"花"模
糕点刷
打蛋器
温度探针
盘子
保鲜膜
直径4毫米的花口
裱花嘴
折角曲吻抹刀
网格架

原料

折叠派皮

黄油	115克
黄晶砂糖砂糖	135克
面粉	135克

泡芙面坯

面粉	75克
水	125克
黄油	63克
砂糖	2克
盐	2克
鸡蛋	150克

刷蛋液用的1个打散的鸡蛋

卡什达奶油酱

牛奶	500克
砂糖	75克
吉士粉	45克
蛋黄	100克

甘纳许巧克力酱巧克力酱

液体奶油	125克
可可含量70%的巧克力脂板	95克
可可块	45克

法式巧克力奶油酱

水	70克
砂糖	200克
黄油	240克

鸡蛋	50克
蛋黄	60克

根据想达到的巧克力的颜色决定可可块的用量

装饰

白色沾裹糖膏	250个
红色食用色素	
可可块	50克

根据糖膏的质感，准备浓度30波美度的糖浆

法式奶油酱	150克
金叶	

应掌握的技法

- 沙化和擀面团，填装裱花袋，裱花，制作奶油酱，制作糖浆，制作爆炸面团，用沾裹糖膏上光。

使用到的基本技法

- 折叠派皮（第35页）
- 泡芙面坯（第81页）
- 卡什达奶油酱（第218页）
- 甘纳许巧克力酱（第241页）
- 法式奶油酱（第229页）

D-Day

沾裹糖膏在使用的间隔中要搅动，以免其表面结层，并可以保持它的光亮度。糖膏在使用时的质地应该是能拉出柔顺的"丝带"。考试时可以不使用脆皮，可在烘焙前给泡芙刷蛋液并压花。

巧克力修女泡芙

Religieuses au chocolat

1 折叠派皮

制作折叠派皮（第35页）。

2 泡芙面坯

按照本食谱的用量制作泡芙面坯（第81页）。填装裱花袋（第20页），使用泡芙专用裱花嘴。

3 烤箱预热至150℃，在烤盘上裱出8个直径5厘米，8个直径3厘米的泡芙球。

4 用切模切出5厘米的脆皮圆片摆在大球上，用"花模"切出3厘米的花片摆在小球上。

5 如果你不想使用脆皮，就要给泡芙面球刷蛋液并压花。

6 放入烤箱烘焙35~40分钟。

7 卡仕达奶油酱

按照本食谱的用量制作卡仕达奶油酱（第218页）。

8 甘纳许巧克力酱

制作甘纳许巧克力酱（第241页），并将其与卡仕达奶油酱混合，将巧克力奶油酱使用的裱花嘴放入裱花袋，然后把这个混合酱填入裱花袋（第20页），放入冰箱冷藏。

9 法式奶油酱

制作巧克力奶油酱（第229页），将4毫米的不锈钢花口裱花嘴放入裱花袋，把巧克力奶油酱填入裱花袋（第20页）。

10 装饰

用热水回温沾裹糖膏，不要搅动，放置在操作台上，然后填装泡芙壳。

11 用直径4毫米的裱花嘴在每个泡芙壳的底部都钻1个小洞。

12 饱满地给泡芙填装巧克力卡仕达奶油混合酱，直到酱料填满溢出。

13 用折角曲吻抹刀刮去溢出的酱料。

14 倒掉沾裹糖膏上多余的水，然后加入食用色素和可可块，使用时的温度应该是37℃。

15 给每个泡芙表面沾上巧克力色糖膏。

16 用食指或者抹刀刮去多余的糖膏。

17 用手指给附着的糖膏整形，要边缘清晰，不粘黏。

18 把小泡芙摆在大泡芙上面，做成修女泡芙的形状。

19 把泡芙放在网格架上。

20 用巧克力奶油酱在小泡芙周围裱一圈花。

21 裱花完成后用糕点刷把金叶放在泡芙上作为最后装饰。

3　4

8　12

15

18　19

20

轻轻按一下，让两
个泡芙粘在一起。

制作7个单人份泡芙或1个6人份泡芙（直径18厘米）的用时

准备：1小时15分钟
烘焙：1小时45分钟
静置：烘焙20分钟+出炉冷却

巴黎-布雷斯特泡芙
Paris-Brest

工具

煮锅
圆底搅拌盆
打蛋器
盘子
保鲜膜
面粉筛
长柄刮刀
弧形刮板
配有扇叶和搅拌叶的搅拌机
裱花袋
13号平口裱花嘴
切模，或用18厘米或7厘米的
　　圆形无底烤模
烤盘
糕点刷
糕点用透明塑料纸，或者烘
焙纸
糕点擀面杖
13号花口裱花嘴
锯齿刀
削皮刀
手持粉筛

原料

卡仕达奶油酱

牛奶	250克
砂糖	25克
吉士粉	25克
鸡蛋	50克

泡芙面坯

面粉	150克
水	125克
牛奶	125克
黄油	100克
砂糖	4克
盐	4克
鸡蛋	250克

刷蛋液用的1个打散的鸡蛋
一些杏仁片

巧克力果仁糖薄脆

牛奶巧克力	50克
果仁糖	160克
黄油	15克
碎薄脆	100克

巴黎-布雷斯特奶油酱

卡仕达奶油酱	300克
黄油	150克
果仁糖	75克

表面装饰

杏仁糖磨成粉，或者糖粉

应掌握的技法

- 制作奶油酱，填装裱花袋，裱花，擀面团，打发黄油。

小窍门

- "气室"的作用是减少巴黎-布雷斯特奶油酱的用量，让点心更清淡。

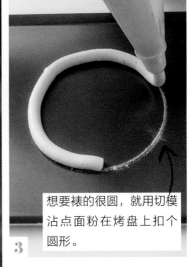

想要裱的很圆，就用切模沾点面粉在烤盘上扣个圆形。

3

4

1 卡仕达奶油酱

按照本食谱的用量制作卡仕达奶油酱（第218页）。

2 泡芙面坯

按照本食谱的用量制作泡芙面坯（第81页）。安装13号泡芙用裱花嘴，填装裱花袋（第20页）， 烤箱预热至165℃。

3 在烤盘上裱出直径7厘米（单人份），或是直径18厘米的泡夫圈。

4 在第一层泡芙圈的上面再裱一个小一些的圈，完成泡芙的整体形状。

使用到的基本技法

● 卡仕达奶油酱（第218页）
● 泡芙面坯（第81页）
● 巧克力果仁糖薄脆（第291页）

D-Day
不要太晚准备卡仕达奶油酱，因为只有把它完全放凉后才能用来制作巴黎-布雷斯特奶油酱。

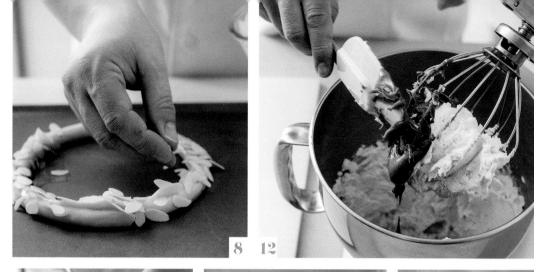

8 12

14

15

16

17

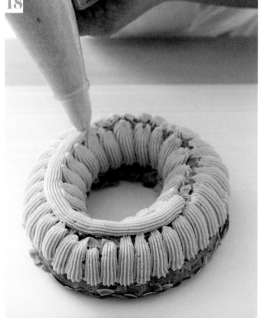

18

19

巴黎-布雷斯特泡芙
Paris-Brest

5 刷上蛋液，撒上杏仁薄片，放入烤箱烘焙1小时。

6 将泡芙取出放在网格架上，烤箱先不要关。

7 制作"气室"：按照泡芙圈内侧圆的尺寸在烤盘上裱一层圆圈。

8 刷上蛋液，撒上杏仁薄片。

9 将其放入烤箱烘焙30分钟，取出放在网格架上冷却。

10 果仁糖薄脆

制作果仁糖薄脆（第291页），放入冰箱冷冻室静置。

11 巴黎–布雷斯特奶油酱

用打蛋器打发黄油至膏状。用搅拌机搅拌仍是冷藏温度的卡仕达奶油酱，直至其顺滑，加入膏状黄油和果仁糖薄脆。

12 快速搅拌奶油酱，使其更加顺滑细腻。

13 把奶油酱填装到装有13号化口裱花嘴的裱花袋中。

14 组合和装饰

使用锯齿刀，在靠上1/3的位置把最先烤好并完全放凉的泡芙圈切开。

15 用相同尺寸的圆形无底烤模或是切模，修整切下来的上面那片泡芙圈（去除毛刺）。

16 把"气室"对半片开，用水果刀修边（去除毛刺）。

17 用巴黎-布雷斯特奶油酱给泡芙壳装裱1厘米厚的奶油酱。

18 把切开的"气室"的一半放在奶油酱上，内侧和外侧都竖着裱花，要把"气室"周边覆盖住。

19 "气室"上面可见的地方撒些果仁糖薄脆，然后在上面裱一圈漂亮的裱花。

20 撒些杏仁在奶油酱上，盖上泡芙圈并轻按，最后用手持粉筛撒些糖粉。

准备：1小时15分钟

烘焙：35~45分钟

静置：20分钟+出炉冷却

萨隆布焦糖杏仁泡芙
Salambos

工具

配有搅拌叶的搅拌机

弧形刮板

糕点用透明塑料纸

糕点擀面杖

煮锅

圆底搅拌盆

打蛋器

盘子

保鲜膜

面粉筛

长柄刮刀

裱花袋

13号平口裱花嘴

糕点刷

烤盘

网格架

折角曲吻抹刀

温度探针

硅胶垫

视频讲解

原料

折叠派皮

黄油	115克
黄晶砂糖砂糖	135克
面粉	135克

卡仕达奶油酱

牛奶	500克
香草豆荚	1个，剖开刮籽
砂糖	75克
吉士粉	45克
蛋黄	100克
朗姆酒	40克

泡芙面坯

面粉	75克
水	125克
砂糖	2克
盐	2克
黄油	50克
鸡蛋	125克

1个打散的鸡蛋：刷蛋液

焦糖

砂糖	400克
水	140克
葡萄糖浆	90克

装饰

杏仁薄片	30克
金粉	

应掌握的技法

- 沙化和擀面团，制作奶油酱，填装裱花袋，裱花，用焦糖上光。

使用到的基本技法

- 折叠派皮（第35页）
- 卡仕达奶油酱（第218页）
- 泡芙面坯（第81页）
- 制作焦糖（第287页）

小窍门

- 如果你没有葡萄糖就用同等克数的砂糖代替。葡萄糖的作用是给焦糖"上油"，使焦糖的保存时间更长，避免其在潮湿的环境中结晶。

法式甜点烘焙

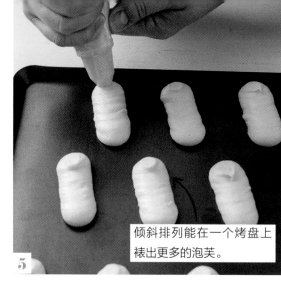

倾斜排列能在一个烤盘上
裱出更多的泡芙。

5

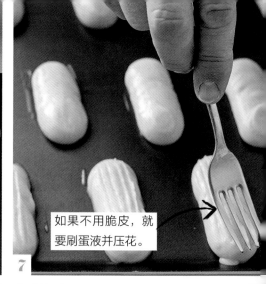

如果不用脆皮，就
要刷蛋液并压花。

7

10

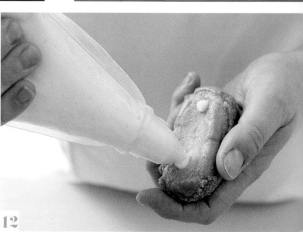

12

15

16

使用玻璃容器加
热焦糖。

萨隆布焦糖杏仁泡芙
Salambos

1 折叠派皮

制作折叠派皮（第35页）。

2 卡仕达奶油酱

按照本食谱的用量制作卡仕达奶油酱
（第218页），并放入冰箱冷藏。

3 泡芙面坯

按照本食谱的用量制作泡芙面坯（第81
页）。填装裱花袋，使用13号平口泡芙
裱花嘴（第20页）。

4 烤箱预热至160℃。

5 在烤盘上裱出长5厘米的泡芙粗条，倾
斜排列。

6 根据泡芙粗条的尺寸切割脆皮，并摆放
在泡芙粗条上。

7 如果你不想用脆皮，就要在泡芙面球上
刷蛋液并压花。

8 将其放入烤箱烘焙25~30分钟。

9 将其从烤箱中取出，放置在网格架上
冷却。

10 用打蛋器把卡仕达奶油酱搅拌顺滑，加
入朗姆酒，使用卡仕达奶油酱裱花嘴，
然后填装裱花袋（第20页）。

11 使用6号花口裱花嘴在每个泡芙壳的底
部钻两个小洞。

12 饱满地填装卡仕达奶油酱，直到酱料
填满溢出。

13 用折角曲吻抹刀刮去溢出的酱料。

14 焦糖

把砂糖、水和葡萄糖放入煮锅，熬制焦
糖直到温度达到155℃。

15 给每个泡芙表面都沾上焦糖。

16 装饰

把杏仁薄片铺在硅胶垫上，烤箱预热至
150℃，烘焙杏仁薄片15分钟，直至其
变成金黄色。取出撒上金粉，然后在泡
芙带焦糖的那面沾上杏仁薄片。

D-Day
- 想要让泡芙上光后的焦糖干净漂亮，就不
  要把泡芙放在冰箱里冷藏，以避免受潮。
  卡仕达奶油酱要完全冷却后才会更美味。
- 合理安排时间：利用折叠派皮的静置时间
  准备卡仕达奶油酱和泡芙面坯。这个过程
  没有脆皮部分也可以完成制作。

你知道吗?

这款甜点是在1846年，由一位巴黎糕点师希布斯特先生首创的，他的糕点房就位于巴黎圣多诺黑大街上。这款甜点中使用的奶油酱也是这位糕点匠人以自己的名字命名的。

制作6人份的用时（直径18厘米）

准备：1小时30分钟
烘焙：1小时15分钟
静置：1小时45分钟（面团起酥）
　　　+出炉冷却

使用到的基本技法

起酥面团（第169页）
泡芙面坯（第81页）
意式蛋白霜（第194页）
卡仕达奶油酱（第218页）
香草希布斯特奶油酱（第225页）
制作焦糖（第287页）

圣多诺黑覆盆子泡芙塔
Saint-honoré aux framboises

视频讲解

工具

煮锅
圆底搅拌盆
配有螺旋棒、扇叶和打蛋器
　的搅拌机
水果刀
糕点用透明塑料纸
糕点擀面杖
面粉筛
长柄刮刀
弧形刮板
裱花袋
10号平口裱花嘴
直径18厘米的圆形无底烤模
烤盘
糕点刷
网格架
温度探针
打蛋器
6号花口裱花嘴
细蓉擦刀
圣多诺黑裱花嘴

原料

折叠派皮

折叠派皮	200克（第169页）

泡芙面坯

面粉	75克
水	125克
砂糖	5克
盐	2克
黄油	50克
鸡蛋	125克

1个打散的鸡蛋：刷蛋液

意式蛋白霜

水	35克
砂糖	110克
蛋清	75克

卡仕达奶油酱

牛奶	250克
香草豆荚	2个，剖开刮籽
砂糖	40克
蛋黄	120克
吉士粉	20克

希布斯特奶油酱

卡仕达奶油酱	220克
明胶	4克
意式蛋白霜	225克

焦糖

砂糖	200克
水	70克
葡萄糖浆	40克

东加豆香醍奶油

液体奶油	250克
马斯卡彭奶油	150克
糖粉	30克
东加豆	1个

装饰

覆盆子	125克：
	白色和红色混杂
糖粉	
金叶	

小窍门

- 如果你没有葡萄糖就用同等克数的砂糖代替。葡萄糖的作用是给焦糖"上油"，使焦糖的保存时间更长，可避免其在潮湿的环境中结晶。制作香醍奶油酱的所有原料都要很凉，因为越凉就越容易打发！

应掌握的技法

- 擀面团，填装裱花袋，裱花，制作奶油酱，用焦糖上光。

D-Day
先从卡仕达奶油酱开始。你可以从同时
烘焙小泡芙球和底座，但要注意，小泡
芙球比底座先烤熟。

圣多诺黑覆盆子泡芙塔

Saint-honoré aux framboises

1 **折叠派皮**

制作折叠派皮（第169页）。

2 **泡芙面坯**

按照本食谱的用量制作泡芙面坯（第81页）。填装裱花袋，使用10号平口泡芙裱花嘴，烤箱预热至170℃。

3 把折叠派皮擀成2毫米的厚度，扎气眼，切成直径18厘米的圆面皮。

4 在面皮的外围裱一圈泡芙面糊。

5 在烤盘上裱上泡芙小球，交错排列。

6 泡芙小球上刷蛋液，放入烤箱烘焙25~30分钟，取出放在网格架上冷却。

7 **意式蛋白霜**

按照本食谱的用量制作意式蛋白霜（第194页）。

8 **卡仕达奶油酱**

按照本食谱的用量制作卡仕达奶油酱（第218页），分成两份。

9 **香草希布斯特奶油酱**

用220克的卡仕达奶油酱制作希布斯特奶油酱。

10 使用希布斯特奶油酱裱花嘴，然后填装裱花袋（第20页）。

11 使用6号花口裱花嘴在每个泡芙球的底部钻1个小洞，填装希布斯特奶油酱。

12 **焦糖**

把砂糖、水和葡萄糖放入煮锅，熬制焦糖至温度达到155℃，给每个泡芙球表面都沾上焦糖。

13 把圣多诺黑的底座放进圆形无底烤模，用焦糖把泡芙小球粘在底座的外圈。

14 使用希布斯特奶油酱裱花嘴，然后填装裱花袋，在折叠派皮的部分填上希布斯特奶油酱。

15 **东加豆香醍奶油酱**

把所有原料放进搅拌机的面盆里，用细蓉擦刀把东加豆擦成蓉，将面盆放入冰箱冷藏10分钟。

16 取出面盆，安装打蛋器用搅拌机搅拌。把香醍奶油酱填装到安装了希布斯特裱花嘴的大裱花袋中。

17 **组合及装饰**

在底座的奶油酱里放几颗覆盆子。

18 用香醍奶油酱装饰：先以旋转手法裱一层。

19 然后再在上面裱"圣多诺黑花纹"，最终要形成一个球形。

20 最上面摆放一个焦糖泡芙球，然后用撒过糖粉的覆盆子和金叶装饰泡芙塔。

发酵面团
Les pâtes levées

制作850克牛奶面包的用时

准备：45分钟

烘焙：12分钟

静置：3小时25分钟+出炉冷却

牛奶面包
Pain au lait

工具

配有螺旋叶的搅拌机

刀

圆底搅拌盆

保鲜膜

烤盘

烘焙纸

糕点刷

剪刀

网格架

应用

甜卷饼（第117页）

葡萄干面包（第118页）

原料

牛奶面包面团

精磨面粉	500克
盐	10克
砂糖	50克
全脂奶粉	25克
鸡蛋	100克
有机酵母	15克
蜂蜜	10克
黄油	100克
水	170克

装饰

1个打散的鸡蛋：刷蛋液

糖粒	150克

应掌握的技法

- 搅拌机和面，发面，做造型。

你知道吗？

- 发酵面团都使用精磨面粉，因为它的面筋含量高，面团更有弹性。

D-Day

特别注意：如果过度搅拌面团使其温度超过24℃，发酵过程就会加快，会影响面团的味道和质感。要严格遵守发酵时间，面团就会别具风味并且质地良好。

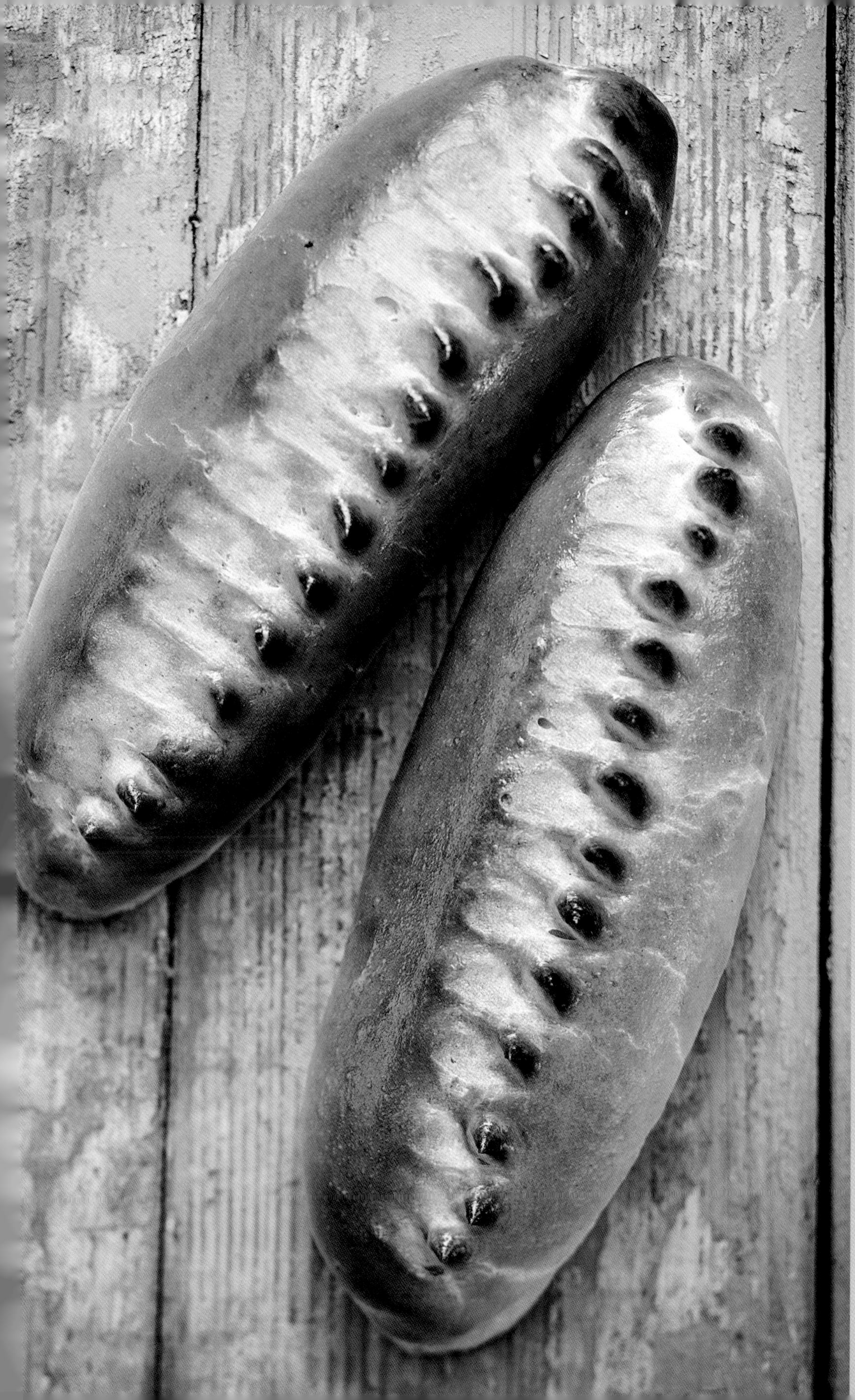

牛奶面包
Pain au lait

1 牛奶面包面团

搅拌机安装螺旋搅拌叶，面盆里倒入面粉、盐、糖、奶粉、鸡蛋、蜂蜜、水和有机酵母。

2 将黄油切丁。

3 搅拌机低速搅拌5分钟，目的是让所有原料均匀混合，避免结块。

4 搅拌机提速搅拌5分钟，使面团搅上劲。

5 搅拌机降回低速挡，分两次加入黄油丁。

6 搅拌机再次提速，面团最终状态是不会粘黏在面盆内壁上，并在螺旋搅拌叶上形成一个球。

7 将面团取出来放在操作台上，整形成球形，放入圆底搅拌盆中，覆上保鲜膜。

8 室温状态下让面团发酵1个小时，这个阶段我们称为"第一阶段发酵"。

9 把面团擀平去除面团中的气体：这一步能够让酵母分子重新分布，并赶走气泡。将面皮放入冰箱冷藏30分钟。

10 成形

将面皮切成80克的条形，操作台上撒些面粉（扑粉）。

11 用手掌将面皮从外向里揉，重复2~3次。

12 用掌心向两端逐渐将面搓成长15厘米的棍状。

13 烤盘铺烘焙纸，将搓好的面放在烘焙纸上，刷上蛋液。

14 放入28℃的恒温箱发酵1小时45分钟，在家操作可以将其放入30℃的烤箱中发酵。

15 将面取出放置在室温中静置10分钟，并将烤箱预热至180℃。

16 给面团再刷一次蛋液。

17 取一个容器倒入冷水，剪刀尖沾冷水后不会和面粘黏，用剪刀给面剪花。

18 撒上糖粒。

19 将制作好的面团放入烤箱，将烤箱温度降至170℃，烘焙12分钟。

20 从烤箱中取出面包，倾倒在网格架上，让其自然冷却。

一步叫作原料混合。

面团不应该黏在面盆内壁上。

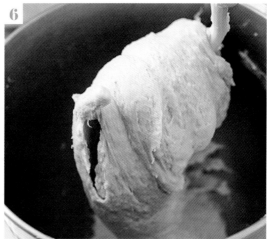

小心不要把面揉裂了。

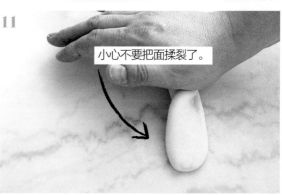

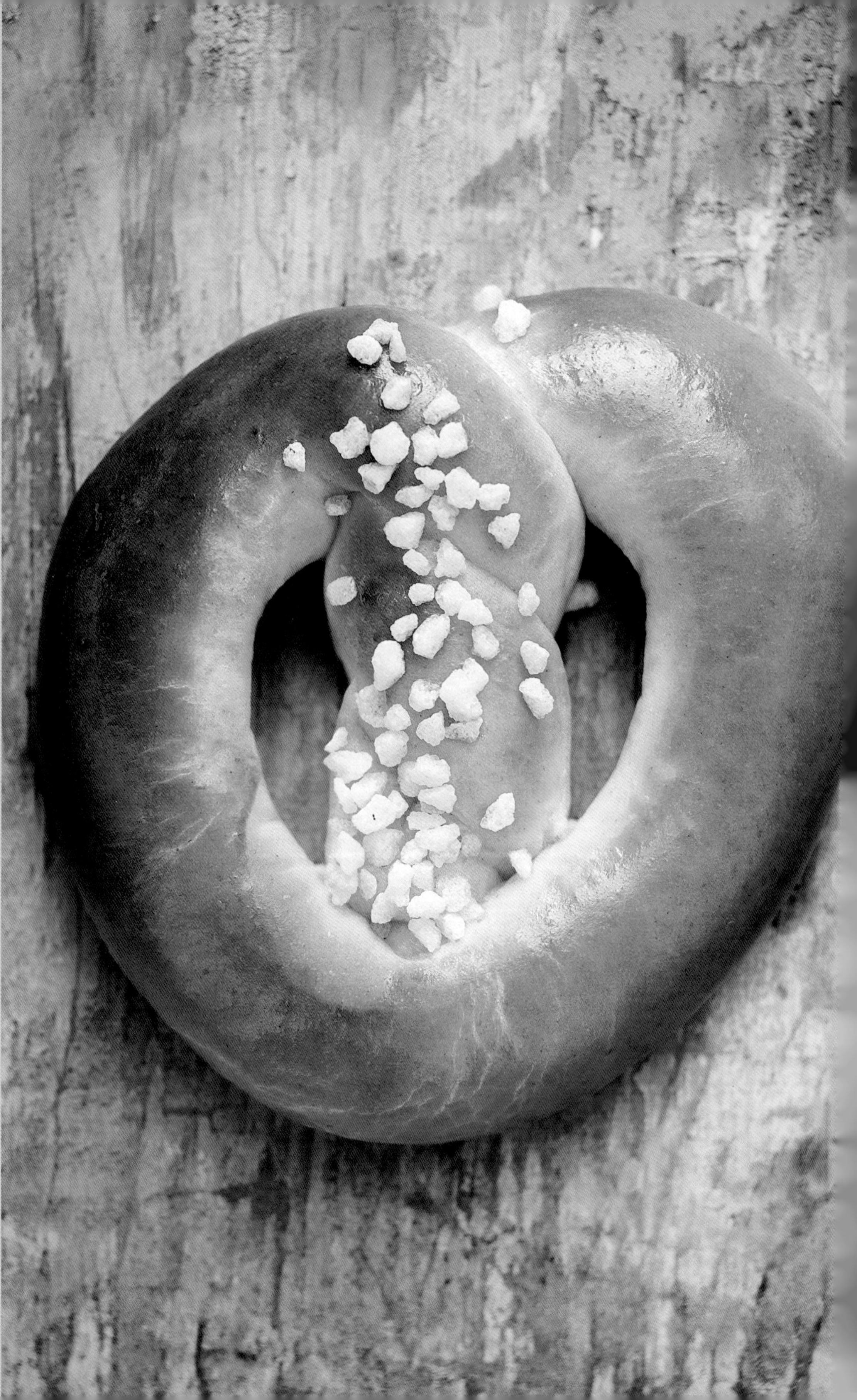

准备：45分钟

烘焙：12分钟

静置：3小时15分钟+出炉冷却

甜卷饼
Bretzels sucrés

工具

配有螺旋叶的搅拌机
刀
圆底搅拌盆
保鲜膜
烤盘
烘焙纸
糕点刷
网格架

原料

牛奶面包面团

精磨面粉	250克
盐	5克
砂糖	25克
全脂奶粉	12克
鸡蛋	50克
有机酵母	7克
蜂蜜	5克
黄油	50克
水	85克

装饰

1个打散的鸡蛋：刷蛋液

糖粒	75克

应掌握的技法

• 搅拌机和面，发面，做造型。

使用的基本技法

• 牛奶面包面团（第110页）

小窍门

• 你还可以撒盐粒和孜然，
做成咸卷饼。

D-Day

• 制作面团不要拖延，因为发酵时间很长，而且只有等面团完全冷却后才能做造型。

法
式
甜
点
烘
焙

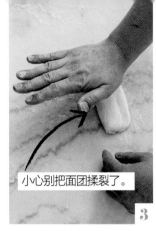

小心别把面团揉裂了。

3

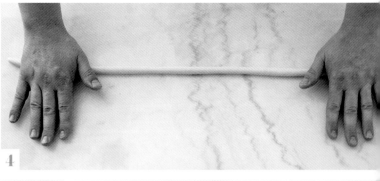

4

5

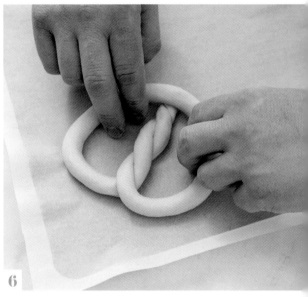

6

7

卷饼在烤盘上的摆放很重
要，要交错间差摆放。

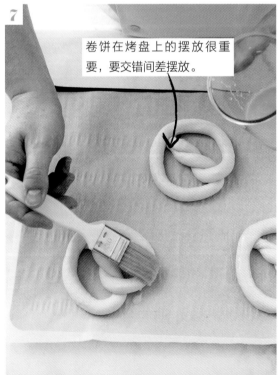

11

甜卷饼

Bretzels sucrés

1 牛奶面包面团

   制作面团（第110页）。

2 做造型和装饰

   将面团切成6份，每份80克，在操作台上撒些面粉（扑粉）。

3 用手掌将面皮从外向里揉，重复2次。

4 用掌心将面团从中间向两端逐渐搓成长40厘米的条状。

5 将两个末端合在一起拧成长10厘米的小辫。

6 将上方的圆圈翻下来摆在辫子的末端，不要按压。

7 烤盘铺上烘焙纸，将卷饼摆在烤盘上，并给其刷蛋液。

8 将卷饼放入恒温箱28℃发酵1小时45分钟，在家将卷饼就放入30℃烤箱中发酵。

9 取出卷饼，于室温放置10分钟，并烤箱预热至180℃。

10 再刷一遍蛋液。

11 撒上糖粒。

12 将其放入烤箱，将烤箱温度降至170℃，烘焙12分钟。

13 从烤箱中取出卷饼，倾倒在网格架上，让其自然冷却。

制作10个葡萄干面包的用时

准备：1小时
烘焙：12分钟
静置：3小时35分钟+出炉冷却

葡萄干面包
Pains aux raisins

工具

煮锅
圆底搅拌盆
打蛋器
盘子
保鲜膜
配有螺旋叶的搅拌机
刀
烤盘
烘焙纸
糕点擀面杖
糕点刷
折角曲吻抹刀
大刀

原料

卡仕达奶油酱

牛奶	200克
砂糖	15克
蛋黄	30克
吉士粉	15克

牛奶面包面团

精磨面粉	250克
盐	5克
砂糖	25克
全脂奶粉	12克
鸡蛋	50克
有机酵母	7克
蜂蜜	5克
黄油	50克
水	85克

装饰

葡萄干	100克

1个打散的鸡蛋：刷蛋液
浓度30°的糖浆（第19页）

应掌握的技法

- 制作奶油酱，搅拌机和面，发面，擀面，做造型。

使用的基本技法

- 牛奶面包面团（第110页）
- 卡仕达奶油酱（第218页）
- 浓度30波美度的糖浆（第19页）

小窍门

- 你可以用巧克力颗粒替代葡萄干，或者用开心果糖膏给卡仕达奶油酱增加口味。你还可以用牛角面包的折叠面皮来制作这款面包。

葡萄干面包
Pains aux raisins

1 卡仕达奶油酱和牛奶面包面团

按照本食谱的用量制作卡仕达奶油酱(第218页)。

2 按照本食谱的用量制作牛奶面包面团（第110页），完成到第9步。

3 做造型和装饰

取一个容器注入开水，将葡萄干浸泡30分钟。

4 将面团在烘焙纸上擀成40厘米x30厘米的长方形面皮。

5 在长方形一端的窄边上刷蛋液。

6 将卡仕达奶油酱搅拌至顺滑。

7 用抹刀把奶油酱抹在面皮上，避开刷蛋液的部分。

8 葡萄干沥干水分，撒在面皮上。

9 将铺好料的面皮沿着长边卷成整齐的卷。

10 放入冰箱冷藏20分钟。

11 取出面圈，切成3厘米厚的片。

12 在切面刷上蛋液。

13 将其放入28℃恒温箱发酵1小时45分钟，在家就放在30℃的烤箱里发酵。

14 取出面包，室温静置10分钟，并将烤箱预热至180℃。

15 再刷一次蛋液。

16 将其放入烤箱，将烤箱温度降至170℃，烘焙12分钟。取出面包倾倒在网格架上让其冷却。

17 用糕点刷刷上浓度30波美度的糖浆（第19页），给面包上光。

D-Day
考试一开始就先把浓度30波美度的糖浆制作好，这样最后的阶段你就能从容应对。而且，如果你需要补救一款巧克力熔岩蛋糕，这款糖浆就非常实用了。

4 5

7 8

9 11

12 17

1

3

4

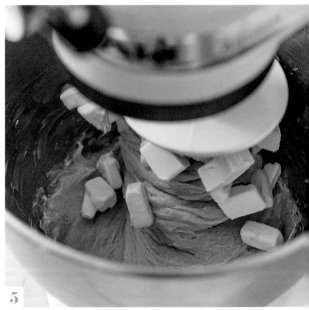

5

7

D-Day

考试那天要在强制午休
马上开始的时候把面团
放在恒温箱里发酵，还
要注意，面团需要静置
的时间也很长。

定义

一种发酵面团，内里松软有层次，有香浓的黄油味道。

应用

巴黎布里欧修奶油面包（第124页）

辫子面包（第129页）

楠泰尔奶油面包（第132页）

工具

配有螺旋叶的搅拌机

刀

弧形刮板

制作1.15千克面团的用时

准备：35分钟

发酵：1小时30分钟

原料

精磨面粉	500克
盐	11克
砂糖	100克
冷藏温度鸡蛋	300克
有机酵母	30克
干黄油	（油脂含量84%）
	250个

布里欧修奶油面团

Pâte à brioche

1 搅拌机安装螺旋搅拌叶，将面粉、盐、糖、鸡蛋和酵母倒入面盆。

2 将黄油切丁。

3 搅拌机低速搅拌5分钟，将所有原料均匀混合，避免结块。

4 搅拌机提速搅拌5分钟左右，让面团上劲。

5 当面团在搅拌叶周围形成一个球体的时候，将搅拌机降回低速，分两次加入黄油丁。

6 黄油溶进面团后搅拌机再次提速，最终面团的状态是不粘黏在面盆内壁上，表面光滑。

7 将面团取出来放在操作台上，用刮板将面修整成球形。

8 将面团放在圆底搅拌盆中，覆盖保鲜膜。

9 室温状态下让面团发酵1个小时，这个阶段我们称之为"第一阶段发酵"。

10 把面团擀平去除其中的气体：这一步能够让酵母分子重新分布，赶走气泡。将面团放入冰箱冷藏30分钟。

应掌握的技法

• 搅拌机和面，醒发面团。

你知道吗？

• 发酵面团都使用精磨面粉，因为它的面筋含量高，面团会更有弹性。

小窍门

• 如果有需要，和面中途可以让搅拌机停下来，把盆底和搅拌叶上的面刮下来，重新和其他面混在一起搅拌，这样做面团的质地会更均匀。

制作5个单人份的用时

准备：45分钟

烘焙：8分钟

发酵：2小时45分钟+出炉冷却

巴黎布里欧修奶油面包
Brioches parisiennes

工具

配有螺旋叶的搅拌机
刀
弧形刮板
5个单人布里欧修奶油面包
　烤模
糕点刷
烤盘
网格架

原料

布里欧修奶油面团

精磨面粉	165克
盐	4克
砂糖	30克
冷藏温度鸡蛋	100克
有机酵母或面包用酵母	10克
干黄油 　（油脂含量84%）	250个

装饰

一个打散的鸡蛋：刷蛋液

应掌握的技法

● 和面，发面，做造型。

使用到的基本技法

● 布里欧修奶油面团（第123页）

小窍门

● 你可以用这款面团做各种造型，甚至还能增加表面装饰：尽情发挥你的创造力吧！

D-Day

称量原料重量的时候，不要把酵母直接撒在盐的上面称量，因为这样会影响酵母的活性。不要忽略烘焙前室温静置的时间（第14步）：这一步对烘焙过程中面团的膨胀程度影响较大。

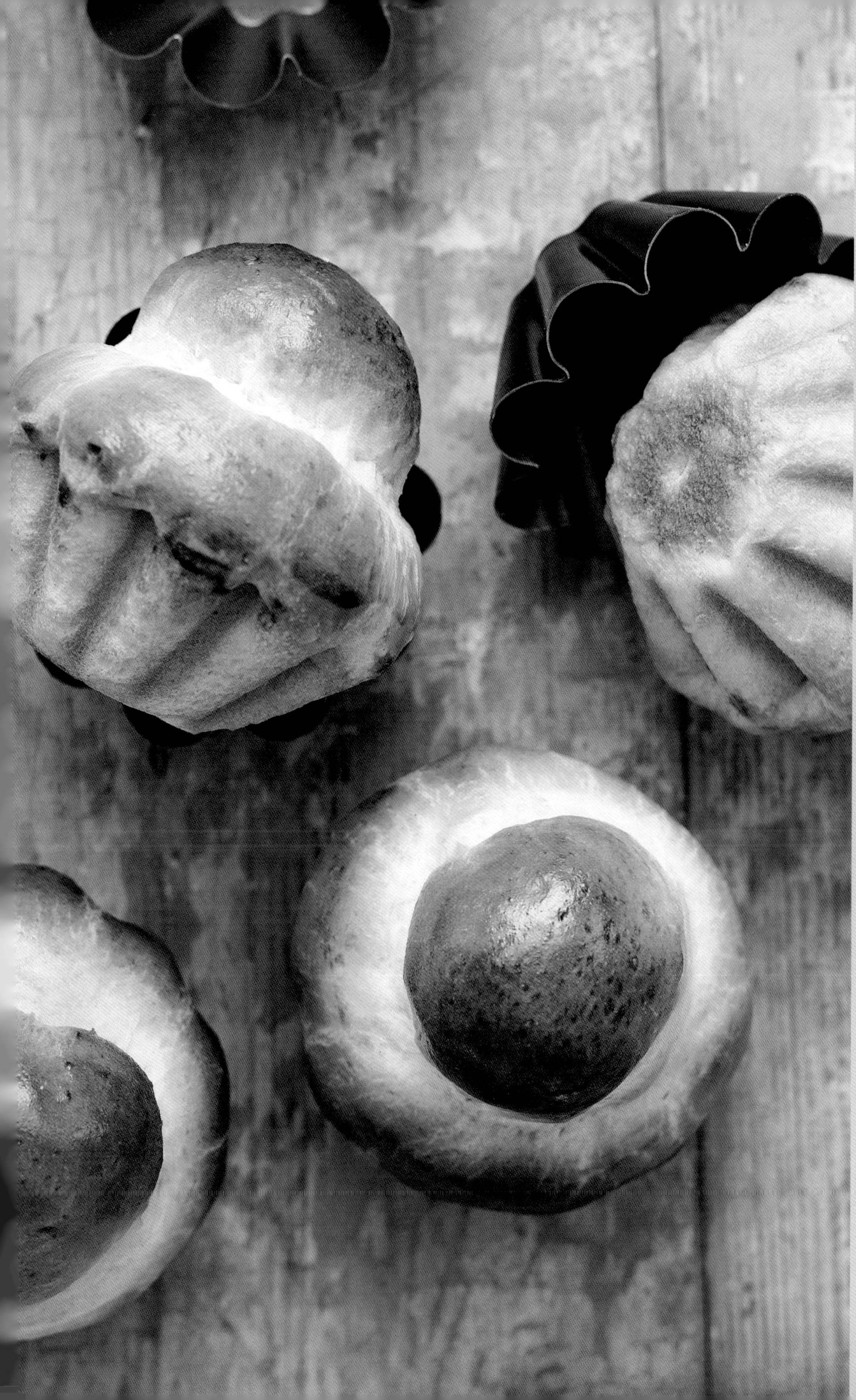

巴黎布里欧修奶油面包
Brioches parisiennes

1 布里欧修奶油面团

　按照本食谱的用量制作布里欧修奶油面团（第123页），完成到第9步。

2 把面团擀平去除面团中的气体：这一步能够让酵母分子重新分布，并赶走气泡。

3 把面团切成5个，每个70克重的条形。

4 用手掌揉面。

5 用手把面揉成"球"，放在操作台上，静置5分钟。

6 再次用手把面团揉成"球"，放入冰箱冷藏10分钟。

7 用糕点刷给5个面球都刷一遍黄油。

8 用手掌稍微把面球按平。

9 做造型：用手掌小指的一侧滚压面球，让一个面团变成两个面球，小的那个是"头"，大的那个是"躯干"。

10 把面球放进烤模，小头在上。

11 食指沾上面粉。

12 用食指整形，让小球能够接触到烤模底部。

13 表面装饰

　给布里欧修奶油面团刷蛋液，注意不要让蛋液流到面团的四周。

14 将烤模放在烤盘上，放入28℃的恒温箱发酵1小时45分钟，在家操作可以将其放入30℃的烤箱中发酵。

15 将面团取出放置在室温中静置10分钟，烤箱预热至170℃，烤盘也一并放入烤箱预热。

16 再刷一次蛋液。

17 把面团直接放在热的烤盘上，烘焙8分钟。

18 将面团脱模，再放回烤盘上烘焙2分钟，将底部稍微烤干一些，然后放在网格架上让其自然冷却。

3　5

9　10

12　13

这一步对成品最终的造型
至关重要。

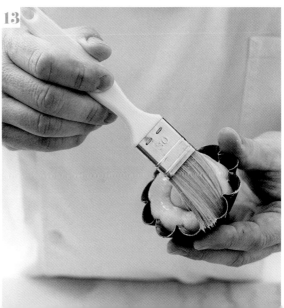

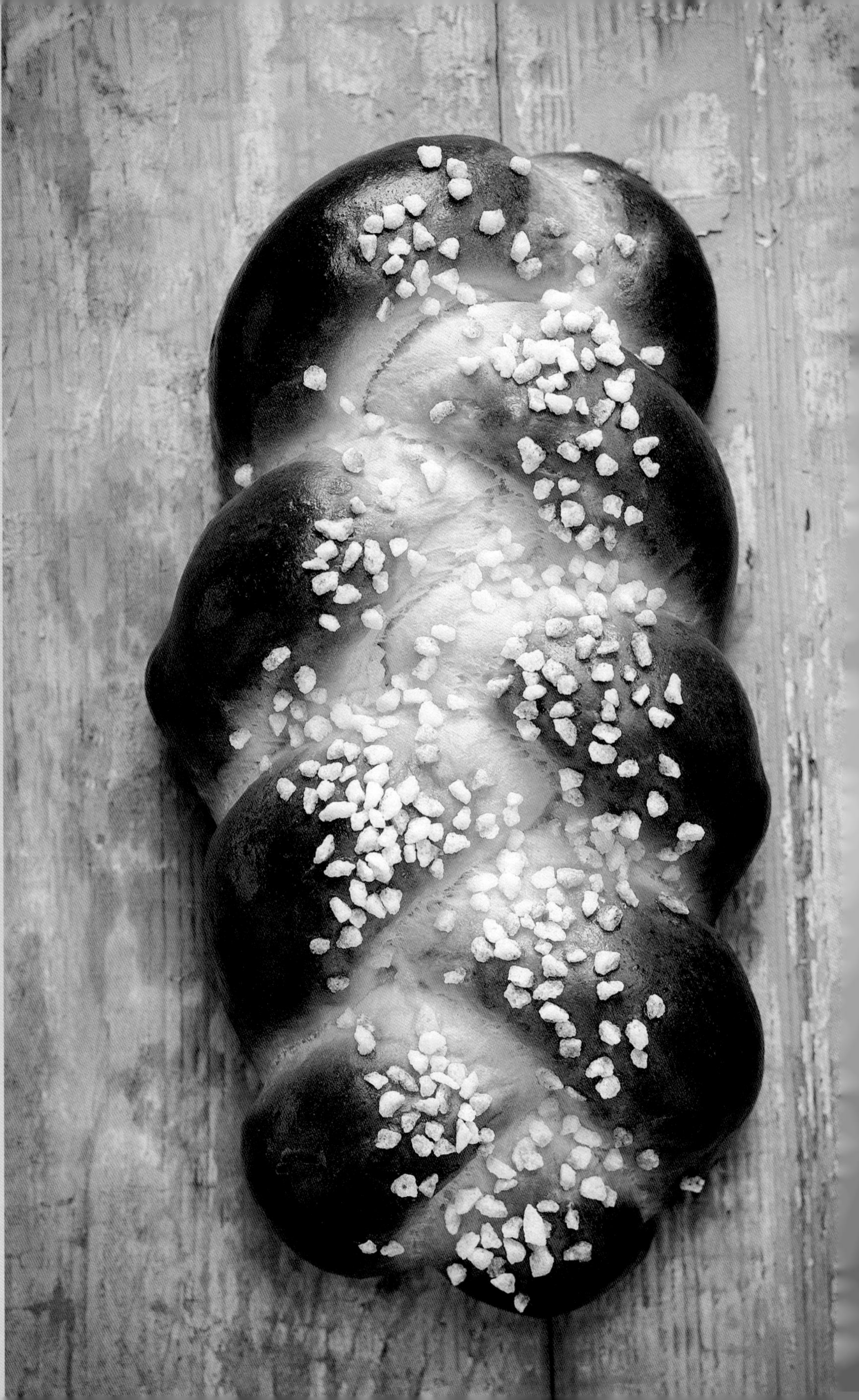

准备：45分钟

烘焙：22分钟

发酵：3小时25分钟+出炉冷却

三股辫子奶油面包
Tresses trois branches

工具

配有螺旋叶的搅拌机

刀

弧形刮板

糕点刷

烤盘

网格架

原料

布里欧修奶油面团

精磨面粉	165克
盐	4克
砂糖	30克
冷藏温度鸡蛋	100克
有机酵母或者面包用酵母	10克
干黄油（油脂含量84%）	80克

装饰

一个打散的鸡蛋：刷蛋液

糖粒 ... 75克

应掌握的技法

• 和面，发面，做造型。

使用的基本技法

• 布里欧修奶油面团（第123页）

小窍门

• 学会了食谱中编辫子的手法，就可以制作国王奶油面包（一种圆圈形状并且中空的面包——译者注）：和面时加入15克的橙子花水，做造型时藏一个小瓷像（源于"feve"，蚕豆——译者注）。如果你喜欢，出炉后还可以在上面点缀些上过糖浆的糖渍水果。

D-Day

步骤5和步骤6的静置时间非常重要，能够让面"放松"，防止破裂。

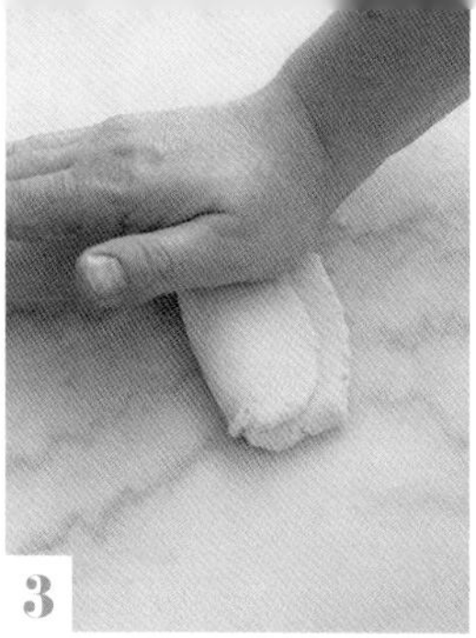

3

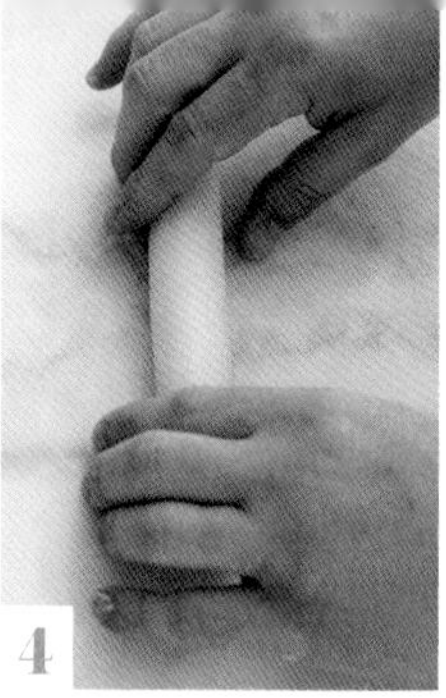

4

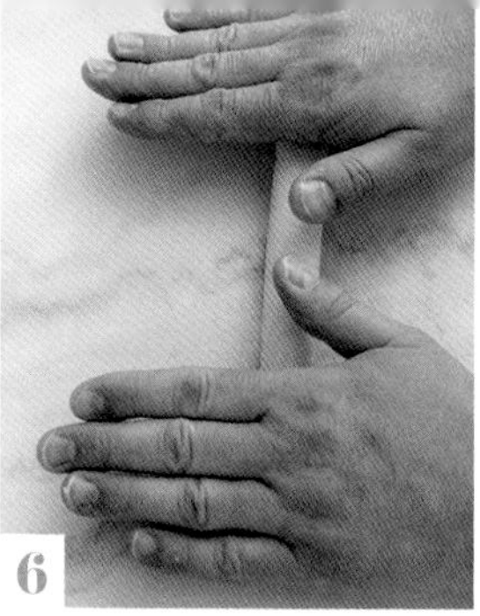

6

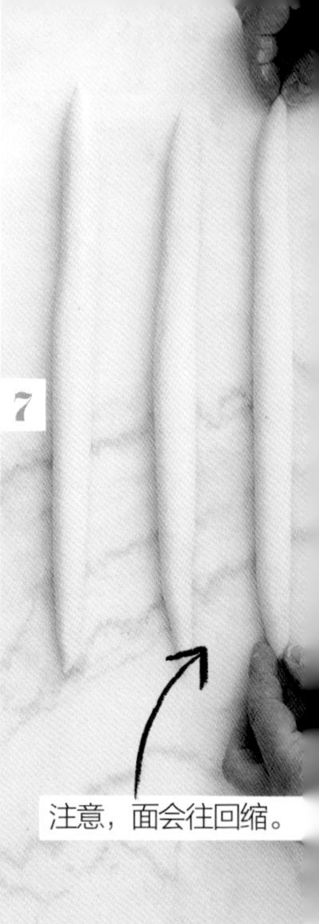

7

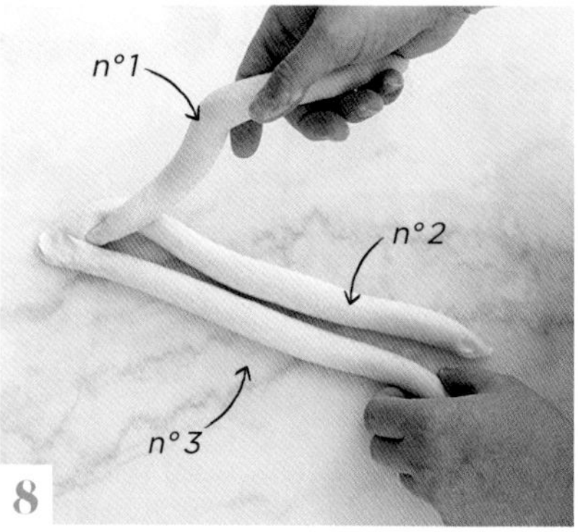

n°1

n°2

n°3

8

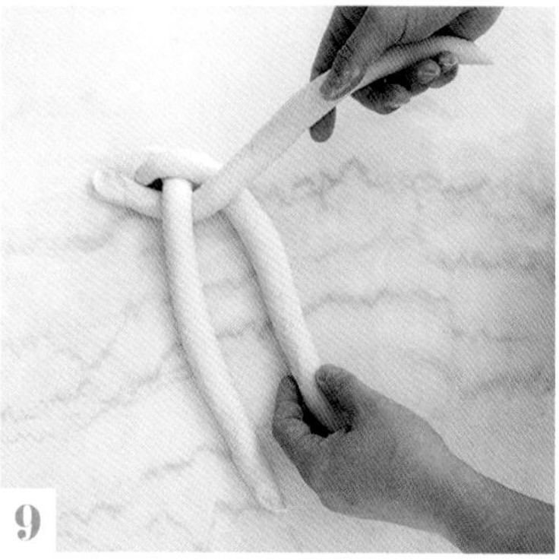

9

注意，面会往回缩。

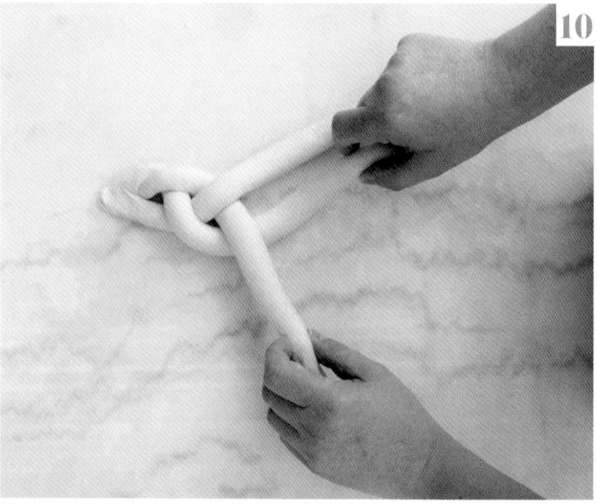

10  11

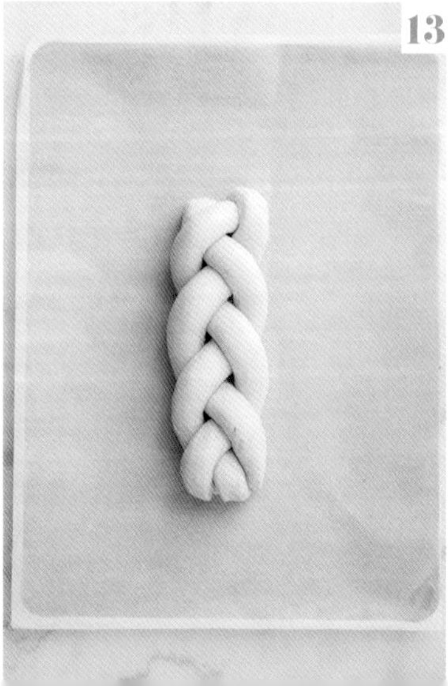

13  17

三股辫子奶油面包
Tresses trois branches

1 布里欧修奶油面团

按照本食谱的用量制作布里欧修奶油面团（第123页）。

2 把面团切成3份，每份100克。

3 用手掌从外向里揉面团，重复2次。

4 用掌心把面从中心向两端搓成条状。

5 放入冰箱冷藏30分钟。

6 取出后再把面稍微搓一下，将其放入冰箱冷藏大约10分钟。

7 取出后把面搓成40厘米的长条，三股垂直平行摆放。

8 将三股面条的顶端轻轻捏在一起，然后：第1股压第2股。

9 第2股压第3股。

10 第3股压第1股，然后第1股压第2股。

11 编到低端把三股的低端也捏在一起。

12 在烤盘上铺烘焙纸，将面放在烤盘上。

13 将捏过的两端折到底部藏起来。

14 表面装饰

刷蛋液。

15 放入28℃的恒温箱发酵1小时45分钟，在家操作可以放入30℃的烤箱中发酵。

16 将面取出放置在室温中静置10分钟，将烤箱预热至160℃，将烤盘也放入烤箱一并预热。

17 再刷一次蛋液，撒上糖粒。

18 把面直接放在热的烤盘上，烘焙22分钟。

19 出炉，将三股辫子面包轻放在网格架上自然冷却。

制作1个楠泰尔奶油面包的用时

准备：45分钟

烘焙：18分钟

发酵：3小时25分钟+出炉冷却

楠泰尔奶油面包
Brioche Nanterre

工具

配有螺旋叶的搅拌机

刀

弧形刮板

糕点刷

1个楠泰尔面包烤模

（22厘米x8厘米x5厘米）

烤盘

网格架

原料

布里欧修奶油面团

精磨面粉	165克
盐	4克
砂糖	30克
冷藏鸡蛋	100克
有机酵母或者面包用酵母	10克
干黄油（油脂含量84%）	80克

装饰

一个打散的鸡蛋：刷蛋液	
糖粒	30克

应掌握的技法

• 和面，发面，做造型。

使用的基本技法

• 布里欧修奶油面团（第123页）

小窍门

• 你可以用巧克力颗粒或是粉色的果仁糖装饰面包。也可以在面包芯里加些辅料，如果酱或巧克力酱。

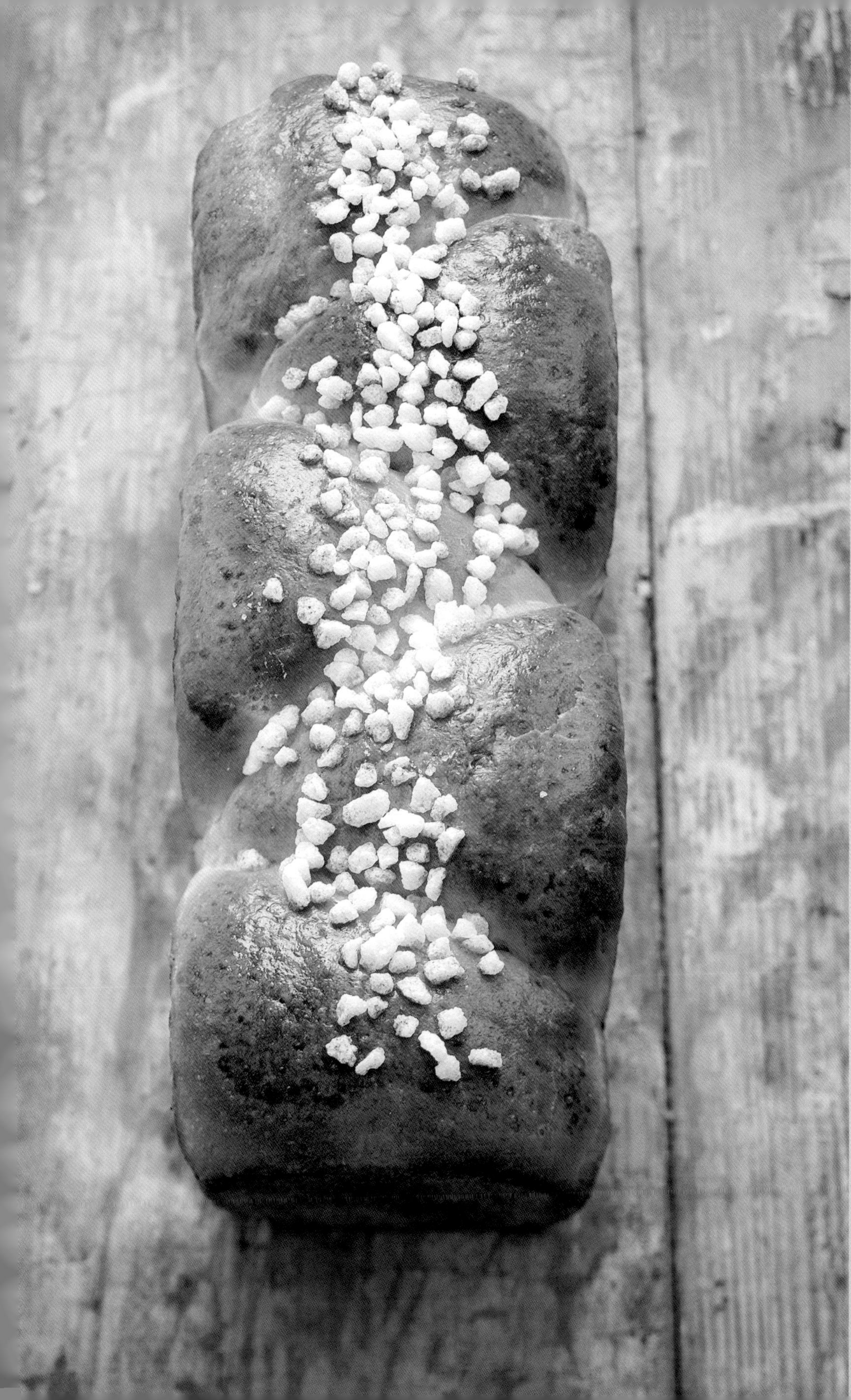

楠泰尔奶油面包
Brioche Nanterre

1 布里欧修奶油面团

   按照本食谱的用量制作布里欧修奶油面团（第123页）。

2 把面团切成5份，每份50克。

3 用手掌揉面团。

4 在操作台上把面揉成球，静置5分钟。

5 再次揉球，放入冰箱冷藏5分钟。

6 用糕点刷给烤模刷一遍黄油。

7 把5个面球交错放在烤模里。

8 表面装饰

   刷蛋液。

9 将面球放入28℃的恒温箱发酵1小时45分钟，在家操作
   可以将其放入30℃的烤箱中发酵。

10 将面取出放置在室温中静置10分钟，将烤箱预热至
   180℃，烤箱内放置一个烤盘一并预热。

11 在面上再刷一次蛋液。

12 在面的中线撒上糖粒。

13 将烤模直接放在热的烤盘上，烘焙18分钟。

14 出炉，小心地将面包脱模，并放置在网格架上让其自然
   冷却。

4 7

8 11

12

D-Day

步骤4和步骤5的静置时间非常重要，这段时间能够让面"放松"，防止破裂。操作不要拖延，严格遵守发酵和静置的时间，只有这样才能做出完美的奶油面包。

准备：**1个小时**

烘焙：**12~15分钟**

发酵：**3小时+出炉冷却**

牛角奶油面包和巧克力奶油面包
Croissants et pains au chocolat

工具

配有螺旋叶的搅拌机
圆底搅拌盆
保鲜膜
糕点擀面杖
刀
烘焙纸
烤盘
糕点刷

视频讲解

原料

有机酵母	25克
水	225克
T45面粉	250克
精磨面粉	250克
砂糖	60克
盐	10克
蜂蜜	7克
鸡蛋	1个
软化黄油	100克
干黄油	250克

1个打散的鸡蛋：刷蛋液

巧克力奶油面包

巧克力条	16根

应掌握的技法

• 和面，发面，揉面，做造型。

小窍门

• 为了增加各种甜美的口感，你可以加上淋浆，或是在牛角面包芯里填料。

D-Day
尽可能早地开始制作，因为发酵需要静置的时间都很长！

5

6

7

9 10

牛角奶油面包和巧克力奶油面包
Croissants et pains au chocolat

1 搅拌机安装螺旋搅拌叶，面盆里倒入面粉、糖、盐和奶粉，将酵母和水溶合，并和蜂蜜、鸡蛋、膏状黄油一起倒入面盆。

2 面团搅拌至微微上劲，不太软，不粘面盆。

3 将面团和成球状，取出放在圆底搅拌盆中盖上保鲜膜，于室温发酵至2倍大。

4 取出面团，擀平去除面团中的气体：这一步能够让酵母分子重新排列，并赶走气泡。再次盖上保鲜膜，放入冰箱中冷藏30分钟，或是冷冻10分钟。

5 取出面团擀成1.5厘米厚的面皮。

6 把干黄油夹在两张塑料纸中间，擀成边长20厘米的正方形。

7 将干黄油放在面皮中央，将面皮四周向中间叠，把黄油片"包起来"。

8 用擀面杖多擀几次，让四边都黏在一起。

9 将面皮擀成一个长：宽=3：1，厚1.5厘米的长方形。

10 将面皮按照三等份交错折叠在一起，完成第一轮折叠。

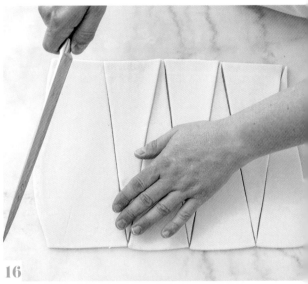

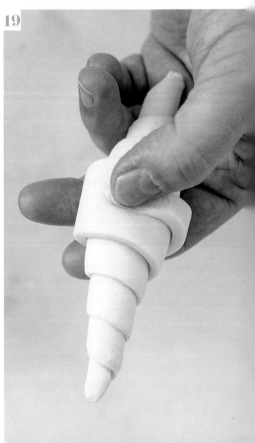

牛角奶油面包和巧克力奶油面包

Croissants et pains au chocolat

11 将折叠好的面皮旋转90°，开口朝右。

12 再次把面擀成长方形，对折，再对折。

13 放入冰箱冷藏20~30分钟。

14 将面切成两份：一份做牛角面包，一份做巧克力面包。

15 把两份面都擀成3毫米厚，70厘米x40厘米的长方形，用刀把边缘切整齐。

16 牛角面包

将第一块面皮切成8个三角形。

17 在三角形的底边正中位置，用刀切一个小口。

18 双手放在两侧从底边卷到顶点。

19 最后将顶点轻轻按一下。

20 在烤盘上铺好烘焙纸，将牛角面包放在烘焙纸上。

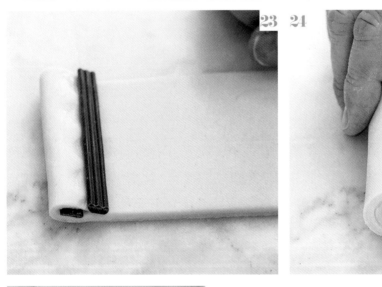

牛角奶油面包和巧克力奶油面包

Croissants et pains au chocolat

21 巧克力奶油面包

从步骤17开始：将面皮切成8份长方形，每块的一边都摆放一个巧克力条。

22 把这个巧克力条卷起来，轻按并"焊接"。

23 在"焊接线"上再放一个巧克力条。

24 再将面皮卷起来，一直卷到头。

25 烤箱预热至220℃，在烤盘上铺烘焙纸，将巧克力面包放在烘焙纸上，用手掌轻轻按压。

26 给牛角面包和巧克力面包刷蛋液。

27 将其放入26~28℃的恒温箱内发酵1小时，然后再刷一次蛋液。

28 将其放入烤箱烘焙12~15分钟。

29 所有面包出炉，将其放置在网格架上冷却。

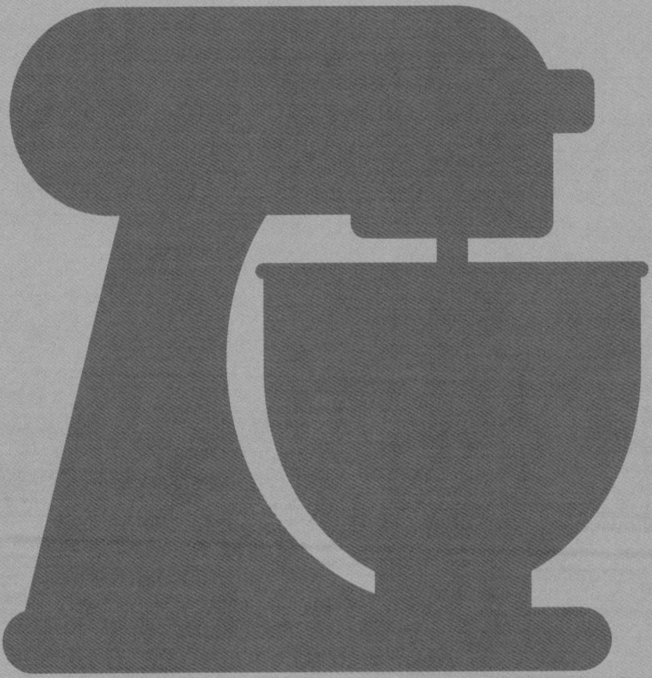

泡打粉搅拌
面团

Les pâte battues

准备：30分钟

烘焙：40分钟

静置：出炉冷却

糖渍水果蛋糕
Cakes aux fruits confits

工具

刀
面粉筛
烘焙纸
两个18厘米x8厘米的蛋糕烤模
糕点刷
配有扇叶的电动搅拌机
圆底搅拌盆
长柄刮刀
折角曲吻抹刀
烤盘
汤锅汤勺
手持粉筛
网格架

原料

蛋糕

糖渍水果丁	125克
金色葡萄干	165克
杏脯	60克
糖渍樱桃	100克
李子脯	60克
面粉	305克
泡打粉	7克
室温黄油	185克
砂糖	100克
鸡蛋	185克
盐	2克

装饰

杏仁薄片	20克
浓度15波美度糖浆	100克
无色淋浆	50克
糖粉	

应掌握的技法

• 打发黄油。

小窍门

• 你可以把糖渍水果用少量的朗姆酒浸泡几个小时。

D-Day
为了防止糖渍水果丁沉在烤樽底部，添加水果丁之前要确定面糊已完全冷却。

这样能防止糖渍水果丁沉到烤模底部。

糖渍水果蛋糕
Cakes aux fruits confits

1 蛋糕

   留几颗糖渍水果做装饰，其余的全部切碎。

2 烤箱内放置一个烤盘，并预热至165℃。

3 将面粉和泡打粉混合，用面粉筛过筛在一张烘焙纸上。

4 烤模内刷一层黄油。

5 用安装了搅拌扇叶的电动搅拌机混合黄油和糖。

6 搅拌机不要停，加入鸡蛋和盐。

7 在圆底搅拌盆里，将过筛的面粉及泡打粉，和糖渍水果、葡萄干、李子脯、杏脯和糖渍樱桃的混合丁混合在一起。

8 用长柄刮刀加入鸡蛋黄油的混合物，搅拌。

9 每个烤模放入500克的蛋糕面团。

10 用折角曲吻抹刀将蛋糕面团抹平。

11 表面装饰

   撒上杏仁薄片。

12 将面团直接放在热的烤盘上烘焙40分钟，用刀尖测试蛋糕的成熟情况，刀尖扎进蛋糕再拔出，刀尖应该是干净的。

13 蛋糕出炉马上淋上浓度为15波美度的糖浆。

14 蛋糕冷却至温热的时候再脱模，之后将其继续放在网格架上冷却。

15 用糕点刷在蛋糕表面刷上无色淋浆。

16 在蛋糕上摆放之前留用的糖渍水果，然后用手持粉筛在蛋糕表面撒上糖粉。

制作2个450克蛋糕的用时

准备：30分钟

烘焙：40分钟

静置：出炉冷却

柠檬蛋糕
Cakes au citron

工具

烤盘

两个18厘米x8厘米的蛋糕烤模

糕点刷

面粉筛

圆底搅拌盆

细蓉擦刀

煮锅

配有打蛋器的电动搅拌机

弧形刮板

刀

网格架

建议

这款蛋糕要冷食，所以要尽早开始准备，以便在最佳温度品尝。

原料

蛋糕

面粉	280克
泡打粉	5克
柠檬的皮擦蓉	3个
盐	3克
黄油	150克
鸡蛋	275克
砂糖	300克
全脂鲜奶油	150克

装饰

金色淋浆	30克
糖渍柠檬片	几片
糖渍金橘和姜糖	少许
金色杏仁	几个
柠檬百里香的嫩芽	几支

你知道吗?

- 如果使用化成液体状态的黄油，烤出来的蛋糕容易碎。如果用膏状的黄油，你的蛋糕就会非常松软。

小窍门

- 如果想要蛋糕更加松软，你可以在蛋糕刚出炉时，用不太浓的柠檬糖浆把蛋糕"浸湿"。橙橘类的水果有多少种，这款蛋糕就有多少种变化：绿柠檬、柚子、橙子、小柚子等。

柠檬蛋糕
Cakes au citron

1　烤箱内放置一个烤盘，并将其预热至165℃。

2　烤模内刷一层黄油。

3　蛋糕

　　将面粉和泡打粉在搅拌盆内过筛，用细蓉擦刀将柠檬皮擦蓉，放入盐，一起混合。

4　在煮锅内融化黄油，放凉。

5　电动搅拌机安装搅拌叶，放入鸡蛋和糖，打发。

6　将面粉和柠檬皮蓉的混合物倒入鸡蛋和糖里。

7　再加入奶油。

8　边搅拌边加入冷却的液体状黄油，继续搅拌，直至面糊变得顺滑。

9　每个烤模倒入450克蛋糕面糊。

10　将烤模直接放在热的烤盘上烘焙40分钟，用刀尖测试蛋糕的成熟情况，刀尖扎进蛋糕再拔出，刀尖应该是干净的。

11　蛋糕冷却至温热的时候再脱模，之后将其放在网格架上继续冷却。

12　表面装饰

　　用糕点刷刷上金色淋浆。

13　用切片的糖渍柠檬、糖渍金橘、姜糖，以及几个金色杏仁和几支柠檬百里香的嫩芽做最后的装饰。

3 **5** **6**

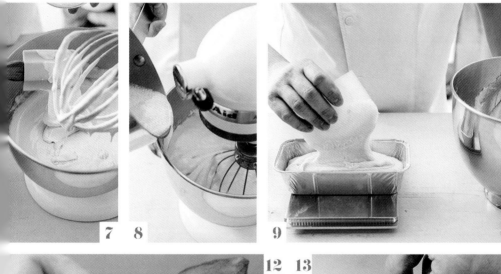

7 **8** **9**

12 **13**

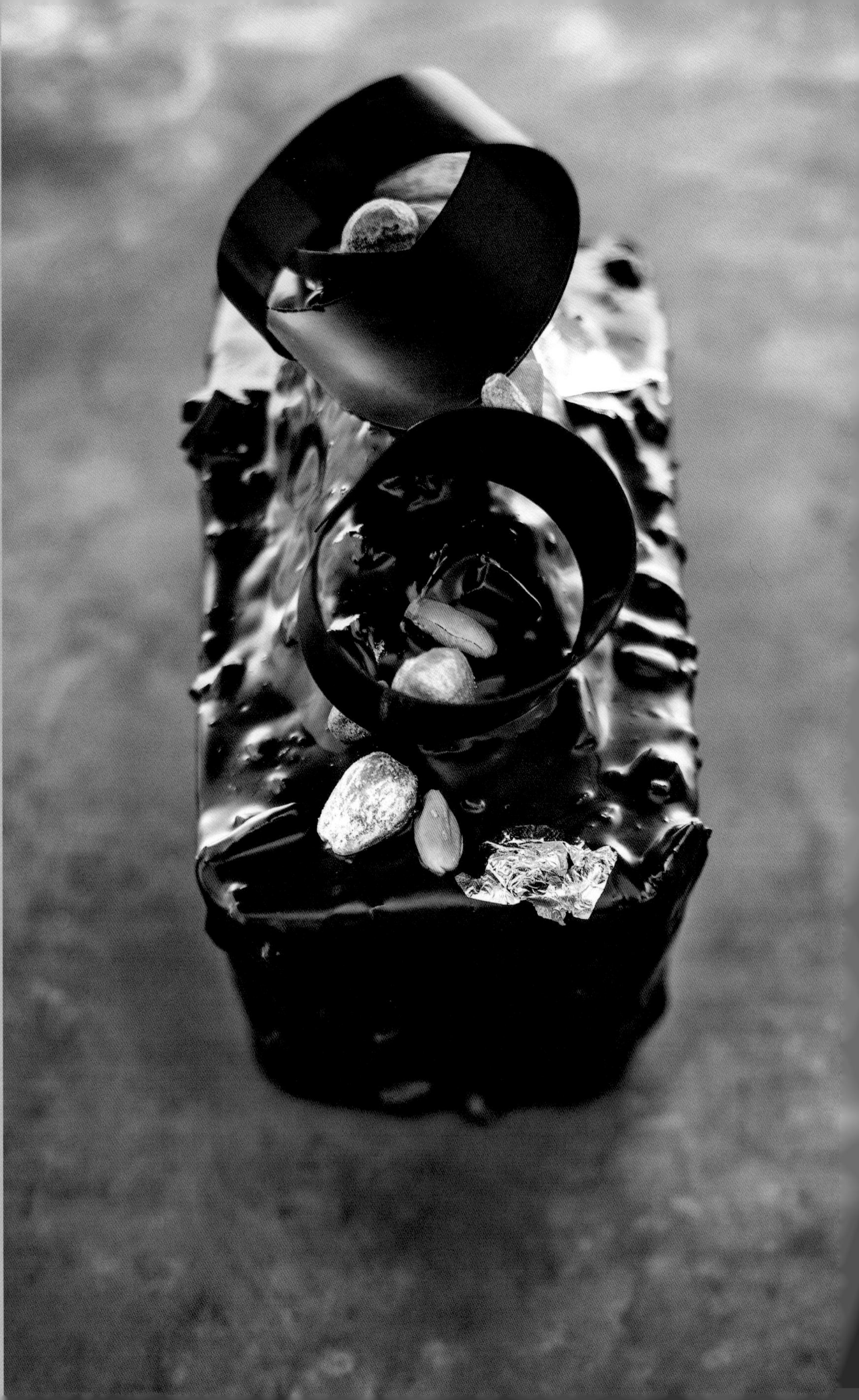

制作2个450克蛋糕的用时

准备：30分钟

烘焙：50分钟

静置：出炉冷却

干果巧克力蛋糕
Cakes au chocolat et fruits secs

工具

煮锅

烤盘

两个18厘米x8厘米的蛋糕烤模

糕点刷

烤盘

烘焙纸

刀

面粉筛

配有混合扇叶和搅拌叶的电动搅拌机

长柄刮刀

网格架

盘子

原料

巧克力淋浆

巧克力脂板	100克
杏仁"棒"	40克
葡萄籽油	38克
淋浆糖膏	250克

蛋糕

黄油	150克
榛子粉	30克
杏仁	22克
开心果	22克
融化的巧克力脂板	50克
面粉	135克
泡打粉	3克
巧克力粉	28克
50/50杏仁膏	105克
砂糖	125克
鸡蛋	150克
牛奶	115克

装饰

金色干果（开心果、松子、杏仁和榛子）

巧克力装饰物（第275页）

应掌握的技法	使用的基本技法	小窍门
• 填装烤模，给蛋糕淋浆。	• 巧克力装饰（第275页）	• 巧克力淋浆可以用可可含量70%的黑巧克力代替巧克力脂板。

6

7 杏仁糖膏和糖要充
分搅拌至顺滑。

8

9

11

15 巧克力淋浆温度在
28~29℃时使用。

16

17

干果巧克力蛋糕
Cakes au chocolat et fruits secs

1 巧克力淋浆

将巧克力脂板和淋浆糖膏融化，加入葡萄籽油和杏仁，做好后保持28~29℃的温度，留用。

2 蛋糕

在烤箱内放置一个烤盘，并预热至165℃。

3 在烤模内刷一层黄油。

4 在煮锅内融化黄油，放凉备用。

5 在烤盘上铺烘焙纸，将干果铺在烤盘上，放入烤箱烘焙15分钟，烤至金黄色。碾碎巧克力脂板。

6 铺一张烘焙纸，将面粉、泡打粉和巧克力粉混在一起，并过筛。

7 电动搅拌机安装混合扇叶，将切成丁的杏仁膏和糖混合。

8 将混合扇叶换成搅拌叶，倒入鸡蛋和牛奶继续搅拌。

9 循序渐进地加入过筛后的混合面粉。

10 加入冷却的融化黄油，继续搅拌至面糊顺滑。

11 用长柄刮刀把碾碎的可可脂板和放凉的干果也搅拌进来。

12 每个烤模倒入450克的蛋糕糊。

13 将烤模直接放在热的烤盘上烘焙40分钟，用刀尖测试蛋糕的成熟情况，刀尖扎进蛋糕再拔出，刀尖应该是干净的。

14 蛋糕冷却至温热的时候再脱模，之后放在网格架上继续冷却，网格架下面放一个大盘子。

15 表面装饰

每个蛋糕都浇上巧克力淋浆液。

16 借助折角曲吻抹刀将蛋糕放在案板上。

17 用金色干果和巧克力装饰物装饰蛋糕。

建议

这款蛋糕要冷食，所以要尽早开始准备，以便在最佳温度下品尝。先从巧克力淋浆开始，因为使用时的温度必须在28~29℃。

制作30个玛德莲娜贝壳点心的用时

准备：25分钟
烘焙：12分钟
静置：1小时

香草柠檬玛德莲娜贝壳点心
Madeleines vanille citron

工具	原料	
面粉筛	面粉	185克
烘焙纸	泡打粉	8克
煮锅	黄油	200克
细蓉擦刀	无味植物油	15克
温度探针	（指不带有特殊气味的油，	
配有搅拌叶的电动搅拌机	如葵花油或菜籽油，而芝麻	
长柄刮刀	油或核桃油就不属于此类	
烤盘	油——译者注）	
裱花袋	盐之花或普通盐	3克
10号平口裱花嘴	两个柠檬的皮擦蓉	
铁质玛德莲娜贝壳烤盘	冷藏温度的牛奶	75克
网格架	香草豆荚　　1个，剖开刮籽	
	液态蜂蜜	10克
	鸡蛋	172克
	蛋黄	33克
	砂糖	180克

应掌握的技法

- 填装裱花袋，裱花，准备烤盘。

小窍门

- 你可以按照自己的喜好制作不同的口味：香柠檬、巧克力、开心果等。在点心出炉后，你也可以给贝壳点心涂抹酱料：巧克力酱、柠檬酱或果酱。将其冷冻或装在白铁皮盒子里，玛德莲娜贝壳点心能保存得非常好。

建议

提前制作贝壳点心面糊，然后静置，食用前再烤，这样品尝的时候点心就会是温热的。

香草柠檬玛德莲娜贝壳点心
Madeleines vanille citron

1　铺一张烘焙纸，将面粉、泡打粉和巧克力粉混在一起，并过筛。

2　在煮锅内融化黄油、植物油、盐和柠檬皮蓉（使用细蓉擦刀擦蓉），在温度到达70℃时关火。

3　在混合物中加入冷藏温度的牛奶、香草籽和蜂蜜，使锅中的混合物自然冷却。

4　将电动搅拌机安装搅拌叶，将鸡蛋、蛋黄和糖混合。

5　加入过筛后的混合面粉。

6　等煮锅内的黄油混合物的温度降到45℃时，将其倒入搅拌机面盆内，与之前的混合物一起不停地搅拌。

7　将面糊搅拌至顺滑后放入冰箱，冷藏1小时。

8　烤箱内放置一个烤盘，并预热至200℃。

9　裱花袋安装10号平口裱花嘴，然后倒入蛋糕面糊。

10　准备贝壳点心烤模：内壁底部刷一层黄油，然后撒一层面粉。

11　在烤模的贝壳凹槽里裱上蛋糕面糊。

12　将烤模直接放在热的烤盘上，这样有利于形成玛德莲娜贝壳蛋糕独特的小鼓包，烘焙5分钟后将温度降至175℃，继续烘焙7分钟。

13　将蛋糕脱模在网格架上。

1　2

3　4

5　6

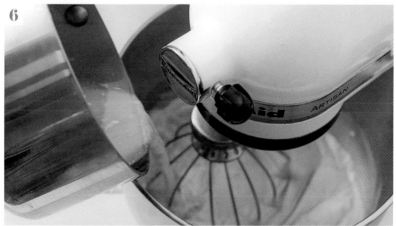

面糊的质地应该像绸带般
"顺滑"。

7　11

折叠派皮
La pâte feuilletée

定义

一种细腻的面团，膨松酥脆，通过一系列的折叠手法，使得最终面皮呈现出很多很薄的层次。比传统方法快捷。

应用

甜酥苹果果泥包（第170页）

工具

刀
配有和面叶的电动搅拌机
保鲜膜
糕点擀面杖

制作550克面团的用时

<u>准备：30分钟</u>
<u>静置：1小时5分钟</u>

原料

干黄油（油脂含量84%）　200克
面粉　　　　　　　　　　250克
盐　　　　　　　　　　　　5克
水　　　　　　　　　　　125克

快速折叠派皮
Pâte feuilletée rapide

1　将黄油切丁，放入冰箱冷冻20分钟。

2　搅拌机安装和面叶，将面粉、盐和刚从冷冻室里取出的黄油丁一起搅拌。

3　边搅拌边加水。

4　继续搅拌面团，不要使面团上劲，应该能看到明显的黄油丁。

5　用保鲜膜把面团包起来，静置15分钟。

6　将操作台和擀面杖都撒些面粉。

7　把面团擀成15厘米×50厘米的长方形。

8　将长方形面皮的两端从三分之一处向中间折叠，形成一个有三层面皮的正方形（第1轮折叠）。

9　将正方形面皮旋转90°，看得到"层次"的那一边对着自己。

10　再次将面皮擀成15厘米×50厘米的长方形，两端依次折叠起来形成一个正方形（第2轮折叠）。

11　将面皮放入冰箱冷藏30分钟。

12　再重复3次擀皮和折叠的过程（第3~5轮折叠），你的成品就做好可以使用了（共5轮折叠）。

应掌握的技法

● 和面，擀面。

小窍门

● 面团的量越大越好操作，你可以把用量翻倍，这样会容易些。

> **建议**
> 最大限度保证每一轮面皮折叠之间的静置时间，这样面皮就不会上劲，烘焙的时候不会缩小。

视频讲解

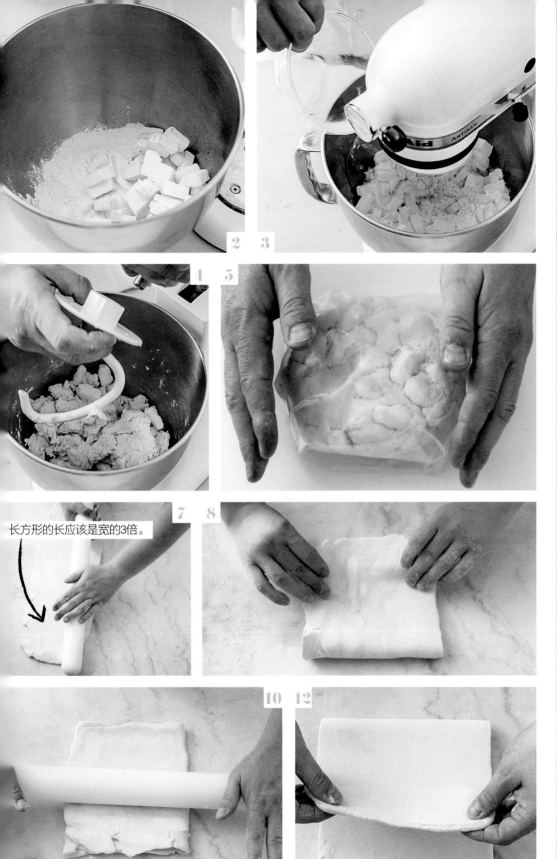

2 3

4 5

7 8

长方形的长应该是宽的3倍。

10 12

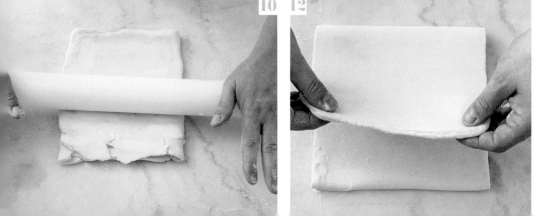

法式甜点烘焙

定义

一种细腻的面团，膨松酥脆，通过一系列的折叠手法，使得最终面皮呈现出多而薄的层次。

应用

圣多诺黑覆盆子泡芙塔（第104页）
达赫图瓦杏仁奶油派（第175页）
皇冠杏仁派（第178页）
蝴蝶酥（第183页）
香草焦糖千层酥（第186页）

工具

煮锅
圆底搅拌盆
配有和面叶的电动搅拌机
刀
保鲜膜
糕点用透明塑料纸
糕点擀面杖

制作1公斤派皮的用时

准备：45分钟

静置：1小时45分钟

原料

干黄油	375克
水	250克
面粉	500克
盐	10克
融化黄油	75克

折叠派皮（5轮折叠）
Pâte feuilletée (à 5 tours)

1 将黄油融化，和250克的水混合。

2 搅拌机安装和面叶，将面粉和盐混合。

3 加入2/3份的水油混合液搅拌。

4 加入剩下的混合液，搅拌机略提速，但不要把面团搅上劲。

5 将面团揉成圆形，在顶部开一个十字花刀，用保鲜膜或塑料纸包起来，放入冰箱冷藏15分钟。

6 用擀面杖将处于冷藏温度的干黄油敲几下。

7 然后将其夹在两张塑料纸中间，擀成边长15厘米的正方形，放入冰箱冷藏。

应掌握的技法

• 和面，擀面皮。

小窍门

• 一些专业糕点师会加几滴白醋或是柠檬汁，做出来的派皮会更白。

D-Day

最大限度保证每一轮面皮折叠之间静置的时间，这样面皮就不会上劲，烘焙的时候不会缩小。再次提醒：1轮折叠=1个三层折叠，而内次对折=1.5个三层折叠。

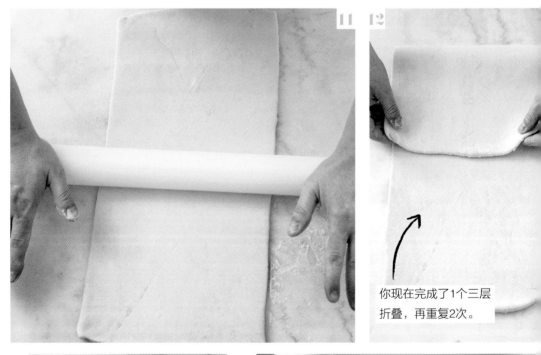

你现在完成了1个三层
折叠，再重复2次。

你现在完成了1个两次
对折，再重复2次。

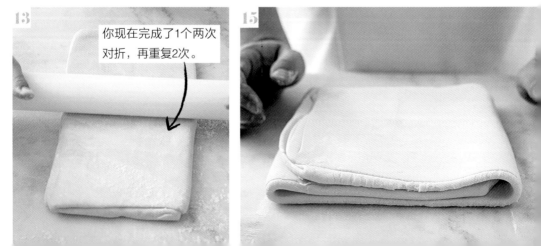

折叠派皮
Pâte feuilletée

8 将面团擀成边长20厘米的正方形。

9 将黄油片放在正方形面皮的中间。

10 将面皮四角折向中间，将黄油片包成"信封"。

11 将"信封"擀成20厘米x60厘米的长方形，长是宽的3倍。

12 1个三层折叠：将长方形面皮的上下相互重叠，折成一个正方形。

13 1个两次对折：将看得到"层次"的一面对着自己，把面皮再擀成一个20厘米x60厘米的长方形，然后将长方形对折之后再对折。

14 放入冰箱，至少冷藏30分钟。

15 重复这个过程（步骤11、步骤12和步骤13）：做2个三层折叠和2个两次对折，你的折叠派皮就完成可以使用了。

制作6个甜酥苹果果泥包的用时

准备：1小时
烘焙：50分钟
静置：1小时35分钟

甜酥苹果果泥包
Chaussons aux pommes

工具

刀
配有和面叶的电动搅拌机
保鲜膜
擀面杖
直径12厘米×15的花口切模
煮锅
盘子
糕点刷
勺子
烤盘
烘焙纸
网格架

你知道吗？

干黄油也叫做折叠黄油，用于折叠派皮和发酵折叠派皮，其油脂含量为84%，比普通黄油82%的含油量要高，所以干黄油的水分含量较低，能够让面团的质感更好。在家制作可以用带有法国夏朗德-普瓦杜省AOP标识（农产品原产地标识——译者注）的黄油，来取代干黄油。

原料

折叠派皮

干黄油	375克
水	250克
面粉	500克
盐	10克
液体黄油	75克

苹果馅

苹果8个	
黄砂糖	150克
香草豆荚	1个，剖开刮籽
黄油	50克

装饰

1个打散的鸡蛋：刷蛋液

使用到的基本技法

● 快速折叠派皮（第164页）

应掌握的技法

● 和面，擀面。

小窍门

● 给美食家们的建议：不要犹豫，馅料完全可以做成黄油与糖熬制的焦糖苹果馅。

D-Day

派皮制作的起始时间不要延迟，最大限度保证面皮在每一轮折叠之间的静置时间，这样烘焙的时候就不会变形。别忘提前准备浓度15波美度的糖浆，给苹果派上光。

甜酥苹果果泥包
Chaussons aux pommes

1 折叠派皮

制作传统折叠派皮（第169页）。

2 苹果馅

苹果去皮切丁。

3 将苹果丁倒入煮锅，加少许水、黄砂糖和香草豆荚籽，盖上盖子中火熬煮10分钟左右。

4 离火加入黄油，搅拌。

5 倒入盘中，用保鲜膜紧贴苹果馅密封，使其自然冷却。

6 表面装饰

派皮擀成4~5毫米的厚度，在烤箱中预热至170℃。

7 用直径15厘米的花口切模，或是苹果果泥派专用切模，切出6个花边派皮。

8 将花边派皮擀成椭圆形。

9 在派皮的最外圈，用糕点刷刷一圈蛋液。

10 每块派皮中央放一些晾凉的苹果馅。

11 用派皮将苹果馅包住，四周捏紧。在烤盘上铺烘焙纸，将苹果派放置在烘焙纸上。

12 再次刷蛋液，将其放置于冰箱中冷藏30分钟。

13 用刀尖在表面划出花纹。

14 用刀在苹果派中央刺一个刀口，放入烤箱，烘焙30分钟。

15 出炉后用稀糖浆（浓度15波美度）上光，放在网格架上使其自然冷却。

用刀尖测试苹果丁的成熟度。

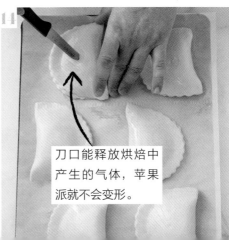

刀口能释放烘焙中产生的气体，苹果派就不会变形。

视频讲解

制作1个6人份奶油派的用时

准备：1小时15分钟
烘焙：40~45分钟
静置：2小时45分钟

达赫图瓦杏仁奶油派

Dartois

工具

煮锅
圆底搅拌盆
配有和面叶的电动搅拌机
刀
保鲜膜
糕点用透明塑料纸
擀面杖
打蛋器
裱花袋
平口裱花嘴
糕点刷
烤盘
烘焙纸
网格架

使用的基本技法

折叠派皮（第169页）
杏仁奶油酱（第234页）

原料

折叠派皮

面粉	250克
盐	5克
水	125克
干黄油	185克
1个打散的鸡蛋：刷蛋液	

杏仁奶油酱

黄油	75克
砂糖	75克
液体香草	10克
鸡蛋	75克
杏仁粉	75克
面粉	15克
朗姆酒	5克

糖浆

水	20克
砂糖	30克

应掌握的技法

- 和面，擀面，打发黄油，填装裱花袋，裱花。

小窍门

- 可以勇敢地尝试在馅料中添加果汁含量较少的水果：樱桃、杏或糖煮水梨，这样会给你的达赫图瓦杏仁奶油派增加一抹清爽的味道。

D-Day
派皮制作要早开始，不要延迟，最大限度地保证每一轮面皮折叠之间的静置时间。

法式甜点烘焙

达赫图瓦杏仁奶油派
Dartois

1 折叠派皮

按照本食谱的用量制作折叠派皮（第169页）。

2 杏仁奶油酱

按照本食谱的用量制作杏仁奶油酱（第234页），裱花袋安装裱花嘴，将奶油酱填装到裱花袋中（第20页），放入冰箱冷藏。

3 糖浆

制作浓度30波美度的糖浆（第19页）。

4 达赫图瓦奶油派的制作

将面团擀成3毫米厚的面皮。

5 切成40厘米x26厘米的长方形。

6 从长方形面皮的长边入手，将面皮切成两个长方形：其中一个比另一个略大，以便覆盖住奶油馅。

7 烤盘铺烘焙纸，将稍小的那块面皮铺在烘焙纸上。

8 面皮四边刷1厘米宽的蛋液。

9 没有刷蛋液的地方，顺着长边裱上杏仁奶油酱。

10 盖上另一块较大的面皮。

11 轻按四个边，黏合两块面皮。

12 用刀将四边刻出花边。

13 在派皮表面刷上蛋液，将其放入冰箱冷藏20分钟。

14 取出后在派皮表面再刷一次蛋液，给派皮表面刻花。

15 用刀刺几个切口，以便释放烘焙时产生的气体，放入冰箱冷藏40分钟。

16 将烤箱预热至200℃。

17 将其放入烤箱烘焙15分钟，然后将温度降至170℃，继续烘焙30~35分钟。

18 奶油派出炉后用糕点刷刷一层糖浆上光，然后将其放置在网格架上自然冷却。

制作1个6人份的用时

准备：1小时20分钟
烘焙：40~45分钟
静置：2小时45分钟

皇冠杏仁派
Pithiviers

工具

煮锅
圆底搅拌盆
配有和面叶的电动搅拌机
水果刀
保鲜膜
糕点用透明塑料纸
擀面杖
打蛋器
裱花袋
平口裱花嘴
糕点刷
直径25厘米的切模
烤盘
烘焙纸
直径4厘米的切模
网格架

使用的基本技法

折叠派皮（第169页）
杏仁奶油酱（第234页）

原料

折叠派皮

干黄油	250克
盐	7.5克
面粉	375克
水	140克

1个打散的鸡蛋：刷蛋液

杏仁奶油酱

黄油	75克
砂糖	75克
几滴液体香草	
鸡蛋	75克
杏仁粉	75克
面粉	10克
朗姆酒	5克

上光糖浆

水	20克
砂糖	20克

应掌握的技法

- 和面，擀面，打发黄油，填装裱花袋，裱花。

你知道吗？

- 除了成品四周的花边，皇冠杏仁派和国王饼非常相似。实际上，国王饼里填装的是杏仁奶油卡仕达酱（一种杏仁奶油酱和卡仕达奶油酱的混合酱）。

D-Day
提前并快速地准备派皮，给派皮充足的静置时间。

皇冠杏仁派
Pithiviers

1 折叠派皮

按照本食谱的用量制作折叠派皮（第169页）。

2 杏仁奶油酱

按照本食谱的用量制作杏仁奶油酱（第234页），裱花袋安装平口裱花嘴（第20页），将奶油酱填装到裱花袋中，放入冰箱冷藏。

3 糖浆

制作浓度30波美度的糖浆（第19页）。

4 皇冠杏仁派的制作

将面团擀成3毫米厚的面皮。

5 切成边长30厘米的正方形，利用切模或是反扣过来的搅拌盆，将面皮切成直径25厘米的圆形。

6 烤盘铺烘焙纸，将一个圆面皮放在烘焙纸上。

7 面皮四边刷1厘米宽的蛋液。

8 没有刷蛋液的地方，用裱花袋盘着裱上杏仁奶油酱。

9 盖上另一块面皮。

10 轻按四周，黏合两块面皮。

11 取一个直径4厘米的切模，用不锋利的那一侧在派皮四周按压一圈半圆形的花边，之后放入冰箱冷藏10分钟。

12 用刀尖修整面皮多余的部分。

13 用糕点刷给派皮表面刷蛋液。

14 派皮的侧面四周用刀刻出花边，放入冰箱冷藏15~20分钟。

15 再刷一次蛋液，用刀给派皮的表面刻花。

16 用刀在表面刺几个刀口，然后放入冰箱冷藏40分钟。

17 烤箱预热至200℃。

18 放入烤箱烘焙15分钟，然后将温度降至170℃，继续烘焙25~30分钟。

19 出炉后用糕点刷给皇冠杏仁派刷一层上光糖浆，然后将其放置在网格架上使其自然冷却。

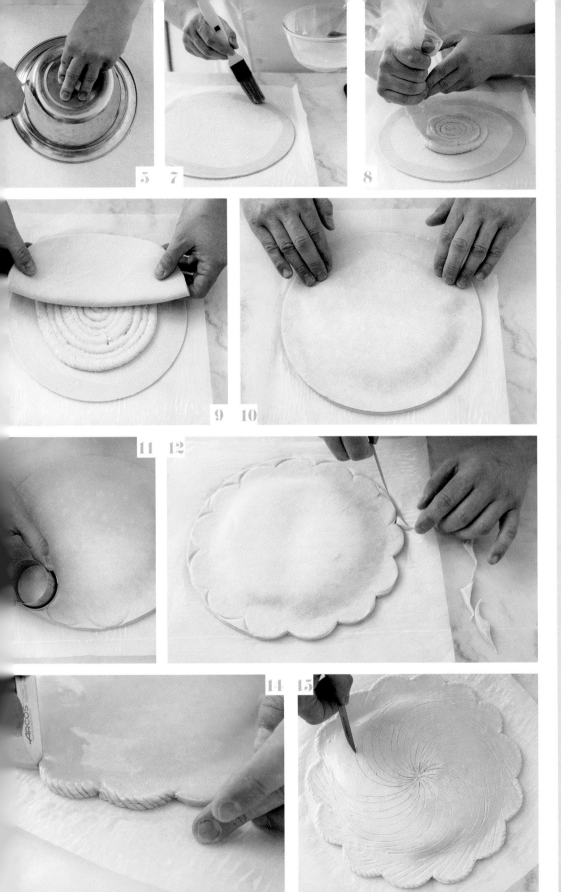

准备：1小时
烘焙：25分钟
静置：1小时40分钟

蝴蝶酥
Palmiers

工具

煮锅
圆底搅拌盆
配有和面叶的电动搅拌机
刀
保鲜膜
糕点用透明塑料纸
擀面杖
烤盘
网格架

使用的基本技法
折叠派皮（第169页）

原料

折叠派皮

干黄油	185克
水	125克
面粉	250克
盐	5克
砂糖	200克

装饰

液态黄油	75克

应掌握的技法

• 和面，擀面。

小窍门

• 步骤2在操作台上撒糖的同时，你可以撒些开心果碎或是榛果碎，来增加蝴蝶酥的酥脆口感。

D-Day
烘焙前的静置时间不要超过25分钟，否则糖会使派皮变软。

这时派皮经过2轮折叠，不是6轮。

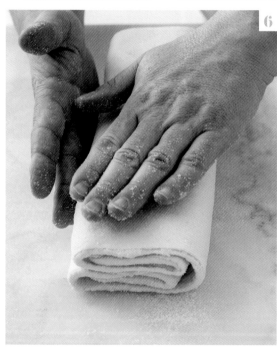

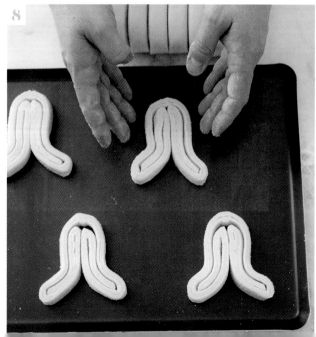

蝴蝶酥
Palmiers

1 折叠派皮

按照本食谱的用量制作折叠派皮（第169页），只完成4轮折叠。

2 最后两轮折叠前在操作台上撒上砂糖，注意不要将面皮揉裂，静置时间不超过30分钟。

3 将派皮擀成长60厘米、厚5~6毫米的长方形，宽度根据面皮的总重量会不同。

4 将面皮的两侧都向中心折两次，中间留出1厘米的空隙。

5 面皮两侧折叠两遍后，应该还有对折的空间。

6 以中心线为轴将两侧折过的派皮对折在一起，折好的面皮约宽12厘米，厚4厘米。

7 将面皮切成1~1.5厘米宽的片。

8 烤盘刷一层黄油，将蝴蝶酥摆放在烤盘上，相互间留出充分的空间，避免烘焙时粘连。蝴蝶酥开口的一侧略掰开，做成"V"字形。

9 室温放置15分钟。

10 将烤箱预热至200℃，将做好造型的蝴蝶酥放入烤箱烘焙25分钟。

11 烘焙至12分钟时，将蝴蝶酥翻面，以便将两面都能烤成金黄色。

12 出炉后将其放置在网格架上使其自然冷却。

制作6人份（直径18厘米）香草焦糖千层酥的用时

准备：2小时
烘焙：40分钟
静置：1小时45分钟

香草焦糖千层酥
Millefeuille vanille caramel

工具

煮锅
圆底搅拌盆
配有和面叶和搅拌叶的电动搅
　拌机
刀
保鲜膜
糕点用透明塑料纸
擀面杖
打蛋器
盘子
长柄刮刀
裱花袋
10号平口裱花嘴
直径20厘米和18厘米的圆形
　无底烤模
削皮刀
烤盘
网格架
烘焙纸
手持粉筛
圆形垫板

使用的基本技法

折叠派皮（第169页）
慕司琳奶油酱（第222页）
卡仕达奶油酱（第218页）

原料

折叠派皮

干黄油	375克
水	250克
面粉	500克
盐	10克

慕司琳奶油酱

牛奶	500克
香草豆荚	1个，剖开刮籽
砂糖	60克
黄油	75克
液体香草	
鸡蛋	2个
吉士粉	60克
黄油	150克

焦糖奶油酱

明胶	2克
砂糖	65克
液体奶油	110克
葡萄糖	9克
香草豆荚	1个
蛋黄	24克

组合及装饰

糖粉

应掌握的技法

- 和面，擀面，制作奶油酱，
  填装裱花袋，裱花。

小窍门

- 这个食谱用的是慕司琳奶
  油酱，你可以用卡仕达鲜
  奶油酱代替，口感会比较
  清淡。制作奶油酱时还可
  以加入少许的类似格兰马
  尔涅（GRAND MARNIER）
  的橙子烈酒。总之，千层
  酥的变化是无穷尽的！

折叠派皮

D-Day

重点：要等到最后1分钟再裱花组合成干层
酥，只有这样才能保持派皮的酥脆口感。

香草焦糖千层酥
Millefeuille vanille caramel

1 折叠派皮

制作折叠派皮（第169页）。

2 将烤箱预热至180℃。

3 将面团擀成2毫米厚，70厘米×25厘米的长方形面皮。

4 利用圆形无底烤模和刀，将面皮切成3个直径为20厘米的圆派皮。

5 在烤盘上铺烘焙纸，将3块派皮铺在烘焙纸上。

6 派皮上面再盖一层烘焙纸，压一个烤盘，然后将派皮放入烤箱中。

7 烘焙30分钟后，将上面的烤盘和烘焙纸取出，撒上糖粉。

8 继续烘焙10分钟，直至派皮呈现焦糖色。

9 放在网格架上自然冷却，然后用直径18厘米的圆形无底烤模将派皮周边裁切整齐。

10 慕司琳奶油酱

制作慕司琳奶油酱（第222页），将裱花袋安装10号平口裱花嘴，填装奶油酱（第20页），之后放入冰箱冷藏。

11 焦糖奶油酱

将明胶放在碗中用冷水浸泡。在锅里倒入砂糖，干炒成焦糖。

12 煮锅中倒入液体奶油，煮沸后加入葡萄糖和香草籽。

13 然后加入蛋黄，用长柄刮刀边搅拌边熬制，直到奶油酱形成光滑的丝带状。加入沥过水的明胶，搅拌混合，填入裱花袋，放置冰箱中冷藏。

14 组合及装饰

使用慕司琳奶油酱：将派皮外圈裱一圈小球，中间旋转裱满奶油酱。

15 在中间的慕司琳奶油酱上面再裱一些焦糖奶油酱。

16 将第二块派皮放在奶油酱上面，轻轻按压。

17 同第一层一样的操作，然后放置最后一块派皮。

18 利用手持粉筛和圆形垫板在派皮表面撒上月牙形糖粉，在月牙的牙尖的位置裱一个慕司琳奶油酱小球，上面点缀一粒杏仁。

蛋白霜及蛋白霜甜点

Les meringues et
appareils meringués

注意，不要让已打
发的蛋清塌陷。

应掌握的技法

- 固化已打发的蛋白，填装
  裱花袋，裱花。

小窍门

- 你可以加一点盐和少许柠
  檬汁，减弱甜的口感。将
  蛋白霜放置在密封的容器
  中能保存得非常好。

定义

蛋白霜是蛋清和糖的混合打发体，白而光亮。

工具

面粉筛
烘焙纸
配有搅拌叶的电动搅拌机
长柄刮刀
烤盘
裱花袋
花口裱花嘴

制作12个大甜点或者32个小甜点的用时

准备：15分钟

烘焙：1.5～3小时

原料

法式蛋白霜

糖粉	200克
蛋清	250克
砂糖	200克

粉色果仁糖薄脆

粉色果仁糖薄脆	50克

法式蛋白霜–粉色果仁糖薄脆小甜点
Meringue française – variante pralines roses

1 铺一张烘焙纸，在上面过筛糖粉，使其得更加细腻。

2 开始打发蛋清。

3 蛋清开始变白膨胀时，加入一半的砂糖慢慢固化蛋清，提速搅拌，之后加入剩下的一半砂糖。

4 用长柄刮刀将过筛的糖粉加入打发蛋清中。

5 裱花袋安装所需要的裱花嘴，将蛋白霜填装在裱花袋中（第20页）。

6 在烤盘上铺烘焙纸，旋转着裱花，7～8厘米的长度一次成型，同时将烤箱预热至90℃。

7 粉色果仁糖薄脆

将粉色果仁糖薄脆捣碎。

8 将果仁碎撒在蛋白霜上。

9 放入烤箱，根据蛋白霜的大小烘焙1.5～3个小时。

建议

● 在烤盘上点几个蛋白霜小点，烘焙纸就会粘在烤盘上，用带风扇的烤箱烘焙时，烘焙纸就不会被风扇动卷曲。

定义

意式蛋白霜是用蛋清和糖浆混合打发制作的，比法式蛋白霜更具技术性。

应用

覆盆子开心果马卡龙（第200页）
圣多诺黑覆盆子泡芙塔（第104页）
香草希布斯特奶油酱（第225页）
法式奶油酱（第229页）
蛋白霜柠檬塔（第63页）
蓝莓塔（第74页）

工具

煮锅
温度探针
糕点刷
电动搅拌机
裱花袋
裱花嘴

制作225克蛋白霜的用时

准备：20分钟

原料

水	30克
砂糖	150克
蛋清	90克

意式蛋白霜
Meringue

视频讲解

1 在煮锅中混合水和糖。

2 把蛋清备在电动机的面盆里。

3 开始熬制糖浆。

4 当糖浆达到100℃时，开始高速打发蛋清。

5 把糖浆熬至121℃。

6 减速搅拌机，一点一点地把糖浆加入半打发的蛋中。

7 提速搅拌机，直至把蛋白霜打发至常温。

8 将蛋白霜填装到事前准备好的裱花袋中（第20页）。

应掌握的技法

• 熬制糖浆，打发混合原料，填装裱花袋。

小窍门

• 你可以在蛋白霜里加一小撮盐，口感就不那么甜。

D-Day
用保鲜膜覆盖后，这款蛋白霜在冷藏室能保存得很好，所以完全可以提前准备。

如有必要，用糕点刷刷抹煮锅内壁。

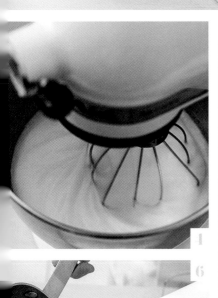

应掌握的技法

- 固化打发的蛋白，填装裱花袋，裱花。

小窍门

- 你可以在蛋白霜上撒些干果碎或香料
  粉，给你的蛋白霜甜点增加个性化风味。

定义	工具	制作550克蛋白霜的用时
指第一阶段是用隔水加热的方法打发蛋清和糖的混合物。	圆底搅拌盆 煮锅 打蛋器 弧形刮板 裱花袋 平口裱花嘴 烤盘 烘焙纸 手持粉筛 刀	

准备：15分钟

烘焙：2~3小时

原料

瑞士蛋白霜

蛋清	250克
砂糖	400克

蘑菇小甜点

糖粉	30克

瑞士蛋白霜-蘑菇小甜点
Meringue suisse – variante champignons

1 瑞士蛋白霜

将蛋清和糖放在搅拌盆里，煮锅中注入一半的水，把搅拌盆放在煮锅上。

2 边搅拌边加热，当温度达到50℃时开始打发。

3 把半打发的蛋清倒入搅拌机的面盆中，继续打发至自然冷却。

4 蘑菇小甜点

裱花袋安装蛋白霜专用裱花嘴，然后将蛋白霜填入裱花袋（第20页）。

5 裱出两种小球（同样数量）：一种圆一些，另一种尺寸小一些，"尖尖的"。

6 烤箱预热至90℃。

7 用手持粉筛给圆一些的小球撒上可可粉。

8 放入烤箱烘焙1小时。

9 用刀尖在圆一些的小球底部挖个小洞，填入少许生的蛋白霜。

10 将圆一些的小球放在尖的小球上，做成蘑菇造型，将"蘑菇"放入烤箱继续烘焙20分钟，制作完成。

D-Day
- 临考时先做瑞士蛋白霜甜点，因为需要烘焙的时间非常长。

制作24个马卡龙的用时

准备：45分钟

烘焙：22分钟

静置：30分钟+自然冷却

覆盆子开心果马卡龙
Macarons framboise pistache

视频讲解

工具

煮锅

温度探针

糕点刷

配有搅拌叶的电动搅拌机

多功能料理机

圆底搅拌盆

长柄刮刀

烤盘

烘焙纸

裱花袋

平口裱花嘴

你知道吗？

如果食谱中多种原料的用量是一样的，业内行话就称其为"一比一"。

原料

24个马卡龙

意式蛋白霜

蛋清	78克
砂糖	225克
水	60克

面糊

杏仁粉	225克
糖粉	225克
蛋清	78克
几滴红色覆盆子食用色素	

开心果法式奶油酱

水	70克
砂糖	200克
黄油	240克
鸡蛋	50克
蛋黄	60克
少许开心果糖膏	

应掌握的技法

● 马卡龙手法，填装裱花袋，表面固化，制作糖浆，制作炸弹面团。

使用到的基本技法

● 意式蛋白霜（第194页）
● 法式奶油酱（第229页）

小窍门

● 想要更容易地取下马卡龙面壳，一出烤箱就马上将其放入冰箱冷冻室。马卡龙只有冷藏24小时之后才是最美味的。

覆盆子开心果马卡龙
Macarons framboise pistache

1 意式蛋白霜

按照本食谱的用量制作意式蛋白霜（第194页）。

2 面糊

使用家庭料理机将一比一的杏仁粉和糖粉高速充分混合，如有必要可以将混合物过筛，使其更加细腻。

3 将还未打发的蛋清和食用色素混合搅拌，再加入杏仁粉和糖粉的混合物。

4 当意式蛋白霜达到50℃时，使用长柄刮刀将蛋白霜循序渐进的加入到混合物中。

5 在烤盘上铺烘焙纸，裱上直径3~4厘米的马卡龙面壳球。

6 轻拍烤盘底部，使面壳球变平。

7 静置30分钟让其表面固化：用手指轻触面壳球，以不粘黏手指为佳。

8 烤箱预热至145℃，将面壳球放入烤箱烘焙10~12分钟。

9 取出烤盘，并将烘焙纸和面壳从烤盘上取下来，结束烘焙。

10 法式奶油酱

制作开心果法式奶油酱（第229页），在裱花袋安装平口裱花嘴，在其中填装开心果奶油酱（第20页）。

11 组装

在一个面壳上裱上开心果奶油酱。

12 每个奶油酱中间加一颗新鲜覆盆子。

13 盖上另一个面壳做成马卡龙。

建议

要记得用马卡龙面糊把烘焙纸粘在烤盘上。尽可能早的制作马卡龙面壳，因为必须要保证30分钟的固化时间，这样烤出来的面壳才能有漂亮的群边。别忘了面壳还有烘焙后的自然冷却时间，之后才能裱开心果奶油酱。

这就是马卡龙面糊：混合物应该是柔顺和光滑的。

蛋白霜及蛋白霜甜点

法式海绵蛋糕

Les biscuits

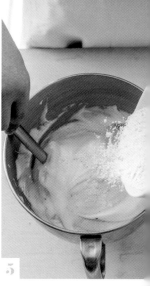

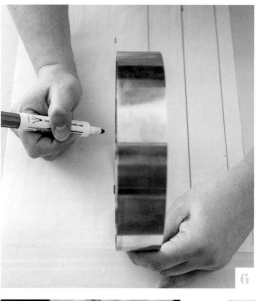

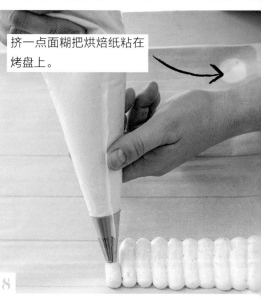

挤一点面糊把烘焙纸粘在烤盘上。

定义

制作以蛋白霜为基础，是一种清淡膨松的蛋糕体，所有夏洛特蛋糕都以这种蛋糕体为基础。

应用

焦糖洋梨夏洛特蛋糕（第252页）
法式草莓夹心蛋糕（第257页）

工具

面粉筛
打蛋器
配有搅拌叶的电动搅拌机
长柄刮刀
烘焙纸
记号笔
4.5厘米高的圆形无底烤模
弧形刮板
裱花袋
10号平口裱花嘴
40厘米×60厘米的烤盘

制作500克海绵蛋糕面糊的用时

准备：15分钟

烘焙：15~20分钟

原料

面粉	125克
蛋黄	100克
香草豆荚	1个：剖开刮籽
蛋清	150克
砂糖	150克
糖粉	

手指饼
Biscuit cuillère

1 将烤箱预热至190℃。

2 面粉过筛，蛋黄加入香草籽并打散。

3 电动搅拌机安装搅拌叶，将蛋清倒入搅拌机面盆，打发蛋清，然后循序渐进地加入砂糖，使打发的蛋清更紧实。

4 用长柄刮刀将打散的蛋黄混进打发蛋白。

5 小心仔细地加入过筛面粉。

6 给裱花打底稿：在烘焙纸上画线，以画出4.5厘米高度的圆圈。可以借助尺子。也可以利用大小相当的圆片来画圈。然后将烘焙纸翻过来使用。

7 裱花袋安装10号裱花嘴（第20页）。

8 按照画好的线在烤盘上裱上手指饼面糊。

9 使用手持粉筛，撒2遍糖粉。

10 放入烤箱，烘焙12~15分钟。

应掌握的技法

• 固化打发蛋白，填装裱花袋，裱花。

小窍门

• 注意不要用糖将打发蛋白多度固化，最终的质地应该是柔软的。

D-Day
烘焙纸的四角要粘在烤盘上，用带风扇的烤箱烘焙时烘焙纸就不会被扇动。

定义

一种膨松轻盈的蛋糕，作为基础糕体在各种蛋糕中被广泛应用。

工具

打蛋器
圆底搅拌盆
温度探针
配有搅拌叶的电动搅拌机
面粉筛
烘焙纸
长柄刮刀
直径20厘米的圆形无底烤模
烤盘
水果刀
网格架

制作1个直径20厘米海绵蛋糕的用时

准备：30分钟

烘焙：30分钟

原料

鸡蛋	4个
砂糖	125克
面粉	125克

杰诺瓦士法式海绵蛋糕
Génoise

应掌握的技法

● 准备烤模。

小窍门

● 你可以使用香料粉和柑橘类水果皮的蓉给蛋糕增加风味。如果想要做巧克力海绵蛋糕，就将20%的面粉替换成可可粉。

1 将烤箱预热至190℃。

2 准备烤模：刷黄油，撒面粉。

3 在搅拌盆中打散鸡蛋和砂糖。

4 边搅拌边隔水加热鸡蛋和砂糖。

5 温度达到50℃时停止加热。

6 将蛋糖混合液倒入电动搅拌机面盆，继续搅拌至冷却。

7 铺一张烘焙纸将面粉过筛，然后使用长柄刮刀小心仔细地将过筛后的面粉加入打发好的蛋糖混合物中。

8 在烤盘上铺烘焙纸，将圆形无底烤模放置在烤盘上，然后将海绵蛋糕面糊倒入烤模。

9 将面糊放入烤箱，烘焙30分钟。

10 取出蛋糕放在网格架上让其自然冷却，等到蛋糕温热的时候再脱模，用刀刃在烤模内侧划一圈，便于脱模。

D-Day
杰诺瓦士海绵蛋糕只有冷却后才能切得整齐，所以不要拖延制作的时间。你可以用手持电动打蛋器制作蛋糕，利用喷枪加热面盆，这样就不用隔水加热了。

杰诺瓦士海绵蛋糕的面糊被提起时，应给呈现出顺滑光亮的"丝带"状。

法
式
甜
点
烘
焙

定义

一款巧克力杏仁粉海绵蛋糕，最初是用于制作奥地利萨赫蛋糕的，随后作为基础糕体广泛应用于法式夹心蛋糕。

应用

三色巧克力夹心蛋糕（第244页）
皇家巧克力夹心蛋糕（第260页）
黑森林蛋糕（第265页）

工具

刀
配有搅拌叶和打蛋器的电动搅拌机
面粉筛
烘焙纸
圆底搅拌盆
长柄刮刀
弧形刮板
两个直径16厘米的圆形无底烤模
烤盘
网格架

制作两个直径16厘米的海绵蛋糕用量

准备：25分钟
烘焙：25分钟

原料

原料	
杏仁含量50%的杏仁糖膏	200克
砂糖	50克+70克
鸡蛋	100克
蛋黄	120克
可可粉	60克
面粉	60克
蛋清	180克
融化的黄油	60克

萨赫海绵蛋糕
Biscuit Sacher

1 杏仁糖膏切丁，放入微波炉加热软化。

2 将糖膏放入电动搅拌机面盆中，加入50克砂糖，搅拌均匀。

3 加入打散的鸡蛋和蛋黄。

4 将电动搅拌机的搅拌扇叶换成打蛋器，提高速度，继续搅拌至面糊呈顺滑光亮的丝带状。

5 铺一张烘焙纸将面粉和可可粉过筛。

6 打发蛋清，逐步加入75克砂糖，紧实打发的蛋白。

7 然后使用长柄刮刀仔细地将打发好的蛋白搅拌到杏仁糖膏的混合物中。

8 再加入过筛后的面粉可可粉，烤箱预热至175℃。

9 将融化的黄油加入到面糊中。

10 在烤盘上铺烘焙纸，放上两个烤模，将面糊倒入烤模。

11 放入烤箱，烘焙25分钟，出炉后放在网格架上自然冷却。

应掌握的技法

• 紧实打发的蛋白，准备烤模。

小窍门

• 萨赫海绵蛋糕可以冷冻保存得非常完好，对所有专业糕点师来说都是非常实用和便捷的。

D-Day
加入打发的蛋白后注意不要过度搅拌面糊，这样才能保证成品蛋糕的膨松质地。

定义	工具	制作1个直径20厘米的蛋糕用量

一款以蛋白霜和干果粉为主料的点心，这里使用的是杏仁粉。

应用

法式覆盆子夹心蛋糕（第268页）

工具

面粉筛
烘焙纸
配有搅拌叶的电动搅拌机
长柄刮刀
裱花袋
8号平口裱花嘴
烤盘
直径20厘米的圆形无底烤模
记号笔

制作1个直径20厘米的蛋糕用量

准备：25分钟

烘焙：20分钟

原料

糖粉	75克
面粉	15克
杏仁粉	60克
蛋清	75克
砂糖	75克
杏仁薄片	25克

杏仁打卦滋蛋白霜蛋糕

Dacquoise amande

应掌握的技法

- 紧实打发的蛋白，填装裱花袋，裱花。

小窍门

- 包上保鲜膜，这款点心可以冷冻保存得非常好。

1 将烤箱预热至160℃。

2 铺一张烘焙纸，将糖粉、面粉和杏仁粉过筛，以便获取更细腻的混合粉。

3 电动搅拌机安装打蛋器，打发蛋白，逐步加入砂糖使蛋白变得紧实。

4 使用长柄刮刀，将过筛后的混合粉加入打发蛋白中。裱花袋安装8号平口裱花嘴，将面糊填装到裱花袋中。

5 给裱花做标尺（第205页）：铺一张烘焙纸，利用直径20厘米的圆形无底烤模，用记号笔画一个圆圈，然后将烘焙纸翻过来使用。

6 用裱花袋将面糊盘着裱在圆圈内。

7 撒上杏仁薄片。

8 放入烤箱，使用风扇，烘焙20分钟。

D-Day
出炉后，马上把点心连带着烘焙纸从烤盘上取下来，彻底结束烘焙，才能保证蛋糕松软的口感。如果出现过度烘焙的情况，可以用低浓度糖浆上光来挽救。

法式海绵蛋糕

2　3

7

4

6

法式甜点烘焙

定义	工具	制作两个直径16厘米的蛋糕用量

一款膨松酥脆的蛋糕，以蛋白霜为主，富有浓郁的杏仁风味。

面粉筛
配有搅拌叶的电动搅拌机
烘焙纸
长柄刮刀
裱花袋
10号平口裱花嘴
烤盘
直径16厘米的圆形无底烤模

准备：20分钟
烘焙：15分钟

应用

红色浆果镜面夹心蛋糕（第249页）

原料

糖粉	150克
淀粉	25克
杏仁粉	150克
蛋清	130克
砂糖	20克

法式杏仁蛋糕
Succès amande

1　铺一张烘焙纸，将糖粉、淀粉和杏仁粉过筛。

2　电动搅拌机安装打蛋器，打发蛋白，逐步加入砂糖使打发的蛋白变得紧实。

3　使用长柄刮刀，仔细地将过筛后的混合粉加入打发蛋白中。

4　裱花袋安装10号平口裱花嘴，将蛋糕面糊填装到裱花袋中（第20页）。

5　给裱花做标尺（第205页）：铺一张烘焙纸，利用直径16厘米的圆形无底烤模用记号笔画两个圆圈。烤箱预热至180℃。

6　用裱花袋将面糊盘着裱在两个圆圈内。

7　将其放入烤箱，烘焙15分钟。

应掌握的技法

● 紧实打发的蛋白，填装裱花袋，裱花。

小窍门

● 根据要制作的法式夹心蛋糕的口味，你可以把杏仁粉替换成榛子粉或是开心果粉。蛋糕出炉后你还可以撒些干果碎，给蛋糕增加酥脆的口感。

D-Day

用面糊把烘焙纸的四角粘牢，使用带风扇的烤箱烘焙时烘焙纸就不会因扇动移位。

奶油酱

Les crèmes

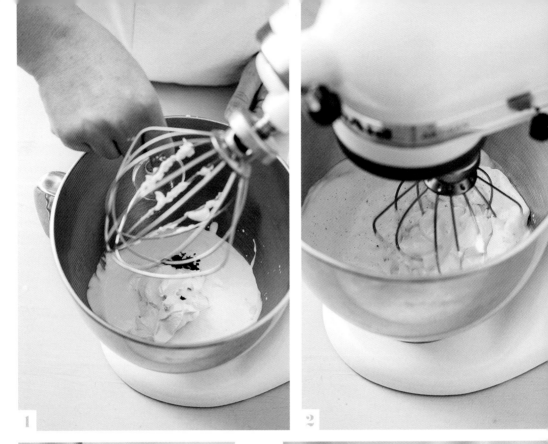

定义

一种甜的并带有香草口味的打发奶油酱。

你知道吗?

马斯卡彭香醍奶油酱是从基础奶油酱派生而来的,因其完美的质地为糕点师们广泛运用。但是,只要油脂含量在30%以上,冷藏的温度足够低,你完全可以只使用液体奶油,对于一款简单的打发奶油这就足够了,不需要糖和香草。

工具

配有搅拌叶的电动搅拌机
长柄刮刀

制作500克奶油酱的用时

准备: 15分钟

原料

全脂液体奶油	310克
马斯卡彭奶油	190克
香草豆荚	2个,剖开刮籽
糖粉	40克

马斯卡彭香醍奶油酱
Crème chantilly mascarpone

1 马斯卡彭香醍奶油酱

电动搅拌机安装打蛋器,将低温冷藏的液体奶油、马斯卡彭奶油和香草籽放入搅拌机面盆中。

2 开始搅拌打发奶油。

3 等到混合奶油变成慕斯状时,加入糖粉。

4 继续打发,直到香醍奶油完全膨胀。

5 放入冰箱冷藏。

D-Day
将搅拌机面盆放入冰箱冷冻10分钟,使其温度足够低,奶油酱就能更好地打发。

应掌握的技法

• 打发奶油。

使用的基本技法

• 香醍覆盆子泡芙(第84页)
• 香醍草莓塔(第71页)
• 黑森林蛋糕(第265页)

小窍门

• 只要你愿意,你可以做成香醍巧克力口味!

定义

一款质地浓稠油的奶油酱，含有蛋黄和糖，传统工艺以香草来增添风味。

应用

卡仕达鲜奶油酱（第221页）

香草希布斯特奶油酱（第225页）

慕司琳奶油酱（第222页）

萨隆布焦糖杏仁泡芙（第101页）

巧克力修女泡芙（第92页）

香草焦糖千层酥（第186页）

圣多诺黑覆盆子泡芙塔（第104页）

巴黎-布雷斯特泡芙（第96页）

开心果闪电泡芙（第89页）

葡萄干面包（第118页）

法式覆盆子夹心蛋糕（第268页）

工具

煮锅

圆底搅拌盆

打蛋器

大盘子

保鲜膜

制作500克奶油酱的用时

准备：25分钟

熬煮：10分钟

原料

全脂牛奶	500克
香草豆荚	1个，剖开去籽
砂糖	50克
蛋黄	100克
吉士粉	45克

卡仕达奶油酱
Crème pâtissière

1 将牛奶、香草籽和一半的砂糖倒入煮锅，放置火上加热。

2 在搅拌盆中倒入蛋黄和另一半砂糖，搅拌至变白，加入吉士粉继续搅拌。

3 牛奶煮开后，边搅拌边将一部分牛奶倒入打发变白的蛋黄中。

4 然后将蛋奶混合物再全部倒回到煮锅中。

5 边搅拌边文火熬制4分钟。

6 在大盘子的盘底铺保鲜膜，倒入熬制好的卡仕达奶油酱，自然冷却。

7 紧贴着奶油酱覆盖保鲜膜，放入冰箱冷藏或冷冻保存。

应掌握的技法

● 将混合物搅拌变白，熬制奶油酱。

小窍门

● 你还可以加一小撮盐，奶油酱会更美味。煮锅中的牛奶倒入一半的砂糖后不要搅拌，砂糖在锅底融化后形成一层糖浆，可以防止牛奶煮沸后煳锅。

D-Day

出于卫生考虑，我们必须将奶油酱急冻降温。

应掌握的技法

- 将混合物搅拌变白，熬制奶油酱。

小窍门

- 将搅拌机面盆和液体奶油放置在冰箱冷冻几分钟，温度足够低更利于奶油的打发。你可以用25克的可可脂替代明胶。

定义

由卡仕达奶油酱和打发奶油混合
而成的奶油酱，含有胶质，质地
浓稠。

应用

法式覆盆子夹心蛋糕（第268页）

工具

煮锅
圆底搅拌盆
打蛋器
盘子
保鲜膜
配有搅拌叶的电动搅拌机
弧形刮板
长柄刮刀

制作850克奶油酱的用时

准备：35分钟

熬煮：10分钟

静置：冷藏1小时，
　　　或者冷冻10分钟

原料

明胶	6克

卡仕达奶油酱

牛奶	350克
香草豆荚	1个，剖开刮籽
砂糖	50克
蛋黄	60克
吉士粉	35克

打发奶油

液体奶油	380克

卡仕达鲜奶油酱
Crème diplomate

1　将明胶放在碗中浸泡。

2　卡仕达奶油酱

　　依照本食谱的用量制作卡仕达奶油酱（第218页）。

3　加入沥干水分的明胶。

4　在盘底铺上保鲜膜，将卡士达奶油酱倒入盘中，紧贴着
　　奶油酱包裹保鲜膜，放入冰箱冷冻20分钟。

5　打发奶油

　　使用电动搅拌机的打蛋器打发奶油。

6　在搅拌盆中将冷藏过的卡仕达奶油酱搅拌至顺滑。

7　用长柄刮刀仔细地将打发奶油混合进卡仕达奶油酱中。

D-Day

注意，与打发奶油混
合时，卡仕达奶油酱
应该是完全低温的，
所以不要推迟冷藏的
时间。

定义

一款添加了黄油或者法式奶油酱的卡仕达奶油酱。

应用

香草焦糖千层酥（第186页）
法式草莓夹心蛋糕（第257页）

工具

煮锅
圆底搅拌盆
打蛋器
盘子
保鲜膜
配有搅拌叶的电动搅拌机
长柄刮刀

制作600克奶油酱的用时

准备：35分钟
熬煮：10分钟
静置：冷藏1小时，或者冷冻10分钟

原料

黄油	150克

卡仕达奶油酱

牛奶	350克
香草豆荚	1个，剖开刮籽
砂糖	50克
蛋黄	60克
吉士粉	35克

慕司琳奶油酱
Crème mousseline

视频讲解

1 依照本食谱的用量制作卡仕达奶油酱（第218页）。

2 盘底铺上保鲜膜，将卡士达奶油酱倒入盘中，紧贴着奶油酱包裹保鲜膜，放入冰箱冷冻20分钟。

3 将黄油搅拌至膏状。

4 将冷藏的卡仕达奶油酱倒入电动搅拌机面盆中，将混合物搅拌至顺滑。

5 循序渐进地将搅拌过的黄油混合进卡仕达奶油酱中。

应掌握的技法

• 打发变白混合物，熬煮奶油酱，打发黄油。

小窍门

• 使用室温温度的黄油更便于打发。

D-Day
注意，与打发黄油混合时，卡仕达奶油酱应该是完全低温的。

1　2

3　5

3

6

应掌握的技法

- 打发、使其变白、熬煮奶油酱，制作焦糖（第287页）。

小窍门

- 可以加一小撮盐来提升卡仕达奶油酱的口味。

D-Day

注意，与意式蛋白霜混合时，卡仕达奶油酱应该还是热的。

定义

一款添加了意式蛋白霜的胶质卡仕达奶油酱。

应用

圣多诺黑覆盆子泡芙塔（第104页）

工具

煮锅
圆底搅拌盆
打蛋器
盘子
保鲜膜
温度探针
糕点刷
配有搅拌叶的电动搅拌机

制作350克奶油酱的用时

准备：45分钟
熬煮：10分钟

原料

明胶	4克

卡仕达奶油酱

牛奶	125克
香草豆荚	1个，剖开刮籽
砂糖	33克
蛋黄	60克
吉士粉	10克

意式蛋白霜

水	35克
砂糖	110克
蛋清	75克

香草希布斯特奶油酱

Crème Chiboust vanille

1　将明胶放在碗中浸泡。

2　卡仕达奶油酱

　　制作卡士达奶油酱（第218页）。

3　将沥干水分的明胶与热的卡仕达奶油酱混合。

4　将卡仕达奶油酱倒入搅拌盆中，紧贴着奶油酱包裹保鲜膜，于室温保存。

5　意式蛋白霜

　　制作意式蛋白霜（第194页）。

6　在蛋白霜温热时（不超过45℃）与仍是热的卡仕达奶油酱混合。

7　立刻使用。

定义

一款甜中带有浓浓香草味道，专门用来制作布丁的奶油酱。

应用

奶油布丁（第49页）

工具

煮锅
圆底搅拌盆
打蛋器
带柄刮板

制作850克奶油酱的用时

准备：20分钟
加热：10分钟
静置：30分钟

原料

全脂奶	500克
液体奶油	125克
砂糖	80克
香草豆荚	3个，剖开刮籽
蛋黄	100个
布丁粉	50克
含盐黄油	50克

布丁奶油酱
Crème à flan

1　布丁奶油酱

　　将牛奶、液体奶油、一半的糖和香草籽放入煮锅加热。

2　加热期间，把另一半糖和蛋黄混合在一起用打蛋器搅拌至颜色变浅。

3　将布丁粉倒入糖蛋混合液中继续搅拌，充分混合。

4　煮锅沸腾后，趁热将一半液体倒入糖奶混合中，继续搅拌。

5　然后将混合物倒回锅中和剩下的液体混在一起，在火上加热1分钟并不停搅拌至如卡仕达奶油酱一般的质地。

6　离火加入仍是固体的含盐黄油。

7　使用前需在室温下放置30分钟。

应掌握的技法

● 将混合物搅拌至变白，熬制奶油酱。

D-Day
一定要遵守冷却时间，这样奶油酱才会更润滑更香甜。

法
式
甜
点
烘
焙

1

3

4

D-Day

有时在爆炸面团中仍能看
到块状黄油，这是温度的
缘故。如果你在混合物中
看到黄油颗粒，可以稍微
加热让黄油融化。如果混
合物没有呈现奶油酱的
质感，那就是因为温度
过高，你可以将其放入
冰箱降温，使黄油凝固。

5

7

8

定义

一款以黄油为主料的油脂奶油酱，广泛应用于各种蛋糕和混合奶油酱。制作法式奶油酱的方法很多：可以英式蛋白霜和膏状黄油为基础，或者以意式蛋白霜和膏状黄油为基础来制作。

工具

煮锅
配有搅拌叶的电动搅拌机
温度探针
糕点刷

应用

巧克力修女泡芙（第92页）
覆盆子开心果马卡龙（第200页）

制作500克奶油酱的用时

准备：10分钟

熬制：10分钟

原料

糖浆

水	70克
砂糖	200克

奶油酱

黄油	240克
鸡蛋	50克
蛋黄	60克

以爆炸面团的手法制作的法式奶油酱

Crème au beurre méthode pâte à bombe

1 **糖浆**

在煮锅中加热糖和水。

2 **奶油酱**

将黄油切丁，放置在室温中回温。

3 电动搅拌机安装打蛋器，中速搅拌鸡蛋和蛋黄。

4 当糖水温度达到121℃时，搅拌机减速，将糖水细细地倒入搅拌的蛋液中。

5 提速搅拌机，继续快速搅拌蛋液直至其温度降低。

6 当蛋糖混合体温度开始下降时，逐步地减速以防止打发的蛋糖混合体塌陷。

7 当温度降至29℃时，逐步加入黄油丁。

8 将奶油酱搅拌至顺滑。

9 将其放入冰箱中保存。

你知道吗？

• 所谓"爆炸面团"指的就是在鸡蛋混合体中加入糖浆，然后将其搅拌至冷却。

应掌握的技法

• 熬制焦糖（第287页），打发奶油酱，制作爆炸面团。

小窍门

• 你可以给法式奶油酱添加各种口味，如咖啡萃取液、融化的巧克力开心果糖膏、香草籽等。不论添加哪一种口味都要在奶油酱制作完成后添加。

定义

镜面蛋糕使用的一款奶油酱，由
蛋黄、糖、牛奶和香草制作而成。

应用

巴伐利亚奶油酱（第233页）
三色巧克力夹心蛋糕（第244页）

用具

煮锅
打蛋器
圆底搅拌盆
长柄刮刀
温度探针
过滤器

制作500克奶油酱的用时

准备：10分钟

熬煮：10分钟

原料

牛奶	400克
砂糖	100克
蛋黄	100克
香草豆荚	2个，剖开刮籽

英式奶油酱
Crème anglaise

1 将牛奶、一半的糖和香草籽放入煮锅加热。

2 在圆底搅拌盆中打发蛋黄至变白。

3 牛奶煮沸后，边搅拌边将一半牛奶倒入蛋黄中。

4 然后将蛋奶混合液再次倒回锅中和剩下的牛奶混合，放
置在火上，以画"8"字的方式迅速抽打。

5 控制熬煮的火候：奶油酱应该达到85℃（将长柄刮刀
从奶油酱中提起，用手指在刮刀画一条线，线条干净清
晰），使其质地变稠。

6 用过滤器过滤奶油酱。

应掌握的技法

● 打发变白混合液，熬制奶
油酱，使奶油酱变稠。

D-Day
因为涉及饮食卫生，
考试时最好用温度探
针控制温度。

1 2

4 5 6

定义

一种以英式奶油酱为主，用打发奶油使其变稀的一种胶质的奶油酱。

制作500克奶油酱的用时

准备：25分钟

熬制：10分钟

工具

碗
煮锅
打蛋器
圆底搅拌盆
长柄刮刀
温度探针
过滤器
冰块
配有搅拌叶的电动搅拌机
弧形刮板

原料

明胶	10克
30%油脂含量的液体奶油	350克

英式奶油酱

牛奶	400克
砂糖	100克
蛋黄	100克
香草豆荚	两个，剖开刮籽

巴伐利亚奶油酱
Crème bavaroise

1 在碗中放水浸泡明胶。

2 英式奶油酱

　　制作英式奶油酱（第230页）。

3 加入明胶，然后将容器放在冰块中，让奶油酱迅速降温。

4 打发奶油

　　用安装了打蛋器的电动搅拌机打发液体奶油，直至其质地变得柔顺。

5 待英式奶油酱的温度降至22~23℃时，加入一部分打发的奶油。

6 混合搅拌均匀，然后再将其余的打发奶油全部与英式奶油酱混合。

应掌握的技法

• 将混合物打发变白，打发奶油，熬制变稠。

小窍门

• 如果巴伐利亚奶油酱熬煮得过度，可以用50克冷藏温度的液体奶油将其稀释。

D-Day

最好用加了冰块的冷水隔水降温奶油酱，因为如果放在冰箱冷冻室降温，你很可能就给忘了！

定义	用具	原料	
以黄油和杏仁为主料的一种浓稠的奶油酱。	圆底搅拌盆 打蛋器	黄油	65克
		砂糖	35克

定义

以黄油和杏仁为主料的一种浓稠的奶油酱。

应用

杏仁覆盆子塔（第44页）
布赫达鲁洋梨塔（第58页）
达赫图瓦杏仁奶油派（第175页）
皇冠杏仁派（第178页）

用具

圆底搅拌盆
打蛋器

制作220克杏仁奶油酱的用时

准备：10分钟

原料

黄油	65克
砂糖	35克
香草豆荚	1/2个，剖开刮籽
鸡蛋	50克
杏仁粉	65克
面粉	5克
朗姆酒	5克

杏仁奶油酱
Crème d'amande

1　用打蛋器把黄油打发成膏状。

2　加入砂糖和香草籽，搅拌。

3　加入打散的鸡蛋，搅拌。

4　加入杏仁粉和面粉。

5　加入朗姆酒，再次搅拌，然后留用。

D-Day

这款奶油酱非常好做，用配有叶片的搅拌机可以做得非常好。

应掌握的技法

● 打发黄油至膏状。

小窍门

● 你可以给这款酱增加各种口味，利用香料、萃取液、酒，或是你喜欢的某一个柑橘类水果果皮擦成的蓉。你也可以再加入30%的卡仕达奶油酱，它就成了国王饼中填装的杏仁奶油酱。

2

3

1

6 7

定义

一种以红色浆果果泥为主料，添加了明胶和打发奶油的慕斯酱。

应用

红色浆果镜面夹心蛋糕（第249页）

工具

碗
打蛋器
圆底搅拌盆
煮锅
温度探针
配有搅拌叶的电动搅拌机
弧形刮板

制作700克慕斯酱的用时

准备：20分钟

原料

明胶	8克
糖粉	30克
草莓-醋栗混合果泥	300克
低温冷藏的液体奶油	300克
马斯卡彭奶油	100克

红色浆果慕斯酱
Mousse aux fruits rouges

1 将明胶放在一碗很凉的水中浸泡。

2 将糖粉和果泥混合。

3 隔水加温果泥至23℃。

4 将明胶沥水挤干，然后放入果泥中。

5 电动搅拌机安装搅拌叶，将低温冷藏的液体奶油和马斯卡彭奶油混合，然后开始打发。

6 待果泥温度降至23℃时，加入一部分打发奶油，混合搅拌。

7 仔细地将其余的打发奶油加入果泥中，用弧形刮板再次混合均匀。

D-Day
不要推迟水果慕斯酱的制作时机，要给明胶充分的起效时间。

应掌握的技法

• 打发奶油。

小窍门

• 可以用你喜欢的水果果粒米做成美味的夏洛特夹心蛋糕！巴伐利亚水果奶油酱的制作方法也是一样的。

定义

一款添加了明胶，并以打发奶油为主的巧克力慕斯酱。制作手法与"爆炸面团"相同（打发蛋黄加糖浆）。

应用

皇家巧克力夹心蛋糕（第260页）

工具

刀
煮锅
打蛋器
长柄刮刀
配有搅拌叶的电动搅拌机
温度探针

制作700克慕斯酱的用时

准备：30分钟
熬制：10分钟
静置：自然冷却

原料

爆炸面团

砂糖	40克
水	10克
葡萄糖浆	20克
蛋黄	110克

甘纳许巧克力酱

液体奶油	60克
黑巧克力脂板	190克

打发奶油

冷藏温度的液体奶油	320克

使用爆炸面团的手法制作巧克力慕斯酱
Mousse au chocolat, méthode pâte à bombe

1　爆炸面团

　　将水、砂糖和葡萄糖放在锅中加热。

2　搅拌机安装打蛋器，中速打发蛋黄。

3　糖浆温度达到121℃时，搅拌机减速，将糖浆细细地淋入打发蛋黄中。

4　提速搅拌机，继续快速打发几分钟。

5　当爆炸面团的温度开始下降时，逐渐减速搅拌机，注意不要让爆炸面团塌陷。

6　甘纳许巧克力酱

　　将巧克力脂板碾碎。

7　在煮锅中将液体奶油煮沸。

8　将液体奶油倒在巧克力碎上，等待1分钟让巧克力融化，然后再搅拌。

9　打发奶油

　　搅拌机安装打蛋器，打发低温冷藏的液体奶油，直至其呈现慕斯状。

10　将打发的奶油加入甘纳许巧克力酱巧克力酱中。

11　再将爆炸面团混合在巧克力混合酱中。

8 9

11

应掌握的技法

- 打发奶油，制作糖浆（第19页），制作爆炸面团。

小窍门

- 如果想要给制作甘纳许巧克力酱的液体奶油增加口味，加热时可以添加东加豆、香草豆荚或新鲜的薄荷等。

D-Day

制作爆炸面团时要很仔细，因为这么小的分量是不容易制作的。

2

3

4

定义

一种巧克力酱，口感细腻质
地浓厚。

应用

巧克力塔（第66页）
巧克力修女泡芙（第92页）

工具

煮锅
搅拌盆
长柄刮刀

制作350克甘纳许巧克力酱
的用时

准备：10分钟

煮制：5分钟

原料

液体奶油	190克
葡萄糖浆	20克
可可含量70%的可可脂板	
	或可可脂150克
含盐黄油	25克

甘纳许巧克力酱
Ganache chocolat

1　在煮锅中煮沸液体奶油和葡萄糖浆。

2　把混合物倒入可可脂板碎或可可粒中。

3　用刮板搅拌均匀。

4　加入切丁的黄油，继续搅拌，直至巧克
　力酱变得光滑柔顺。

小窍门

● 如果你没有葡萄糖浆，可
以用蜂蜜代替。葡萄糖浆是
专业糕点师的用料，因为做
出来的成品表面更光亮，质
地更细腻，这样甘纳许巧克
力酱不会很快变干。

D-Day

甘纳许巧克力酱的制作
太简单了！你可以用手
持立式电动搅拌机来做
（注意不要把空气混进
去），一样可以获得
完美的质地。

法式分层夹心蛋糕

Les entremets

使用的基本技法

萨赫海绵蛋糕（第209页）
英式奶油酱（第230页）

制作一个直径20厘米蛋糕的用时

准备：1小时30分钟
烘焙：35分钟
静置；1小时

应掌握的技法

• 使打发蛋白变稠，熬制奶油酱，将混合液熬稠，准备烤模。

三色巧克力夹心蛋糕

Entremets trois chocolats

工具

配有搅拌叶的电动搅拌机
面粉筛
烘焙纸
圆底搅拌盆
长柄刮刀
弧形刮板
1个 直径20厘 米、高4.5厘 米的圆形无底烤模
烤盘
网格架
煮锅
打蛋器
温度探针
大号过滤器
碗
糕点用塑料围膜
糕点用透明塑料纸
锯齿刀
手持粉筛
糕点用圆形纸衬垫
折角曲吻抹刀

原料

萨赫海绵蛋糕

杏仁含量50%的杏仁糖膏	100克
砂糖	25克
鸡蛋	50克
蛋黄	65克
砂糖	35克
可可粉	30克
蛋清	90克
面粉	30克
液态黄油	30克

英式奶油酱

牛奶	125克
砂糖	25克
蛋黄	65克

白巧克力酱

明胶	4克
白巧克力脂板	36克
英式奶油酱	75克
液体奶油	80克

牛奶巧克力酱

明胶	4克
牛奶巧克力脂板	36克
英式奶油酱	75克
液体奶油	80克

黑巧克力酱

明胶	3克
黑巧克力脂板	36克
英式奶油酱	75克
液体奶油	80克

装饰

可可粉	10克
无色淋浆	100克
巧克力装饰品（第275页）	

小窍门

• 你可以加些酥脆的果仁糖薄脆（第291页），和牛奶巧克力酱同时使用。

D-Day

因为尺寸正好，所以直接使用夹心蛋糕的烤模烤制海绵蛋糕能够避免浪费。每层海绵蛋糕在使用前都要放在冰箱冷冻保存。

D-Day
因为尺寸正好，所以利用夹心蛋糕的烤模烤制海绵蛋糕能够避免浪费。每层海绵蛋糕使用前都要放在冰箱冷冻保存。

三色巧克力夹心蛋糕
Entremet trois chocolats

1 萨赫海绵蛋糕

使用直径16厘米的圆形无底烤模，按照本食谱的用量制作萨赫海绵蛋糕（第209页）。

2 英式奶油酱

按照被食谱的用量制作英式奶油酱（第230页）。

3 白巧克力酱、牛奶巧克力酱、黑巧克力酱

在碗中用很凉的水浸泡明胶。

4 先从白巧克力酱开始：搅拌机安装打蛋器，将液体奶油打发至柔顺，之后将其放置冰箱冷藏。

5 巧克力脂板碾碎，隔水加热融化。

6 将明胶沥干水分，将其放进75克温热的英式奶油酱中。

7 当英式奶油酱达到42℃时，一次性倒入融化的白巧克力中，快速搅拌。

8 将1/3的打发奶油加进来，迅速搅拌。

9 再将剩余的打发奶油全部加进来，搅拌至顺滑均匀。

10 在烤盘上铺一张糕点用透明塑料纸，放上20厘米的烤模，烤模内侧放一圈糕点用围膜。

11 将白巧克力酱倒入烤模，放置冰箱冷藏，冷藏期间准备牛奶巧克力酱。

12 用同样的方法制作牛奶巧克力酱：融化巧克力，将明胶加入英式奶油酱，在英式奶油酱42℃时一次性地倒入融化的巧克力中，再将打发奶油添加进来。

13 将牛奶巧克力酱倒入烤模，放置冰箱冷藏，期间准备黑巧克力酱。

14 用同样的方法制作黑巧克力酱：融化巧克力后，将明胶加入英式奶油酱，在英式奶油酱42℃时一次性地倒入融化的巧克力中，再将打发奶油添加进来。

15 将黑巧克力酱倒入烤模。

16 使用锯齿刀，将萨赫海绵蛋糕横着切成3片。

17 将1片海绵蛋糕放入烤模，轻轻敲打，让蛋糕片与烤模在同一个水平线上。

18 将蛋糕放入冰箱冷冻1小时 。

19 表面装饰

将蛋糕翻转过来，放置在网格架上。

20 使用手持粉筛，利用圆形纸垫，在蛋糕上撒上月牙形可可粉。

21 用折角曲吻抹刀给蛋糕上一层无色淋浆。

22 摆放巧克力装饰品。

9

11

13　**14**

16　**17**

20　**21**

制作1个直径20厘米蛋糕的用时

准备：1小时30分钟

烘焙：25分钟

静置；1小时

红色浆果镜面夹心蛋糕
Miroir aux fruits rouges

工具

面粉筛
配有搅拌叶的电动搅拌机
烘焙纸
长柄刮刀
裱花袋
10号平口裱花嘴
烤盘
高4.5厘米、直径20厘米和18
　厘米的两个圆形无底烤模
打蛋器
圆底搅拌盆
煮锅
温度探针
碗
大号过滤器
手持电动打蛋器
糕点用透明塑料纸
糕点用塑料围膜
水果刀
折角曲吻抹刀
喷枪
网格架
大平盘
糕点用圆形纸衬垫

使用到的基本技法

法式杏仁蛋糕（第213页）
红色浆果慕斯酱（第237页）
彩色镜面淋浆（第292页）

原料

法式杏仁蛋糕

糖粉	150克
淀粉	25克
杏仁粉	150克
蛋清	130克
砂糖	20克

彩色镜面淋浆液

水	75克
明胶	13克
砂糖	150克
葡萄糖浆	150克
白巧克力脂板	150克
甜浓缩牛奶	100克
食用色素	

红色浆果慕斯酱

明胶	8克
糖粉	30克
醋栗-草莓果泥	300克
液体奶油	300克
马斯卡彭奶油	100克

组装

覆盆子	100克
蓝莓	100克
黑莓	50克

表面装饰

覆盆子	50克
黑莓	50克

蓝莓	30克
鹅梅	30克
花	
糖粉	

马卡龙面壳（自由选项，第
199页）

应掌握的技法

• 使打发蛋白变稠，填装裱
花袋，裱花，打发奶油，
准备烤模，镜面淋浆。

小窍门

• 你可以选用任何喜欢的红
色浆果制作这款蛋糕。浆果
不论是成品果泥，还是新鲜
浆果都要在最后一刻再搅
拌，并且都要选用完全成
熟而且很甜的浆果！

4 **5** **6**

7 **8** **10**

12 **14** **15**

红色浆果镜面夹心蛋糕

Miroir aux fruits rouges

1 **法式杏仁蛋糕**

烤制两个直径18厘米的杏仁蛋糕（第213页）。

2 **彩色镜面淋浆液**

制作镜面淋浆液（第292页）。

3 **红色浆果慕斯酱**

制作红色浆果慕斯酱。

4 在烤盘上铺一张糕点用透明塑料纸，摆放一张20厘米的烤模，烤模内侧围一圈糕点用围膜。

5 用浆果慕斯酱把烤模内侧涂抹一遍。

6 使用18厘米的烤模，用水果刀将两个杏仁蛋糕边缘裁切整齐。

7 将1个杏仁蛋糕放入20厘米烤模，再抹一层浆果慕斯酱。

8 铺撒一层新鲜浆果，然后涂抹第3层慕斯酱。

9 将第二个杏仁蛋糕放进烤模，轻轻敲击。

10 涂抹最后一层慕斯酱，然后用折角曲吻刮板将其抹平。

11 将蛋糕放入冰箱冷冻1小时 。

12 **表面装饰**

搅拌盆倒扣放在操作台上，将蛋糕放在糕点用纸上，然后将其放置在倒扣的搅拌盆上，用喷枪稍微加热烤模四周，这样脱模更容易。

13 将脱模后仍然冷冻的蛋糕放在网格架上，网格架下面摆一个大平盘。

14 淋浆液加温至28~29℃，然后将其淋在蛋糕上，再用抹刀抹平。

15 将蛋糕放在一个大一些的纸板衬垫上，用沾过糖粉的新鲜浆果和花装饰蛋糕，你也可以用马卡龙面壳装饰蛋糕的四周，将平的一面贴在蛋糕上。

D-Day

不要拖延蛋糕的制作，蛋糕必须冷冻，脱模才容易，形状才会更工整。

制作8人份——1个直径20厘米的蛋糕的用时

准备：1小时30分钟

烘焙：30分钟

静置；冷冻1小时，或是专业冷藏柜冷藏20分钟

焦糖洋梨夏洛特蛋糕

Charlotte caramel aux poires

工具

碗

煮锅

打蛋器

圆底搅拌盆

长柄刮刀

温度探针

大号过滤器

冰块

配有搅拌叶的电动搅拌机

抹刀

弧形刮板

面粉筛

烘焙纸

裱花袋

平口裱花嘴

不锈钢烤盘

糕点刷

煎锅

1个直径20厘米、高4.5厘米的蛋糕用圆形无底烤模

大汤勺

折角曲吻抹刀

使用到的基本技法

手指饼（第205页）

巴伐利亚奶油酱（第233页）

原料

焦糖巴伐利亚奶油酱

明胶	6克
砂糖	165克
牛奶	200克
蛋黄	50克
香草豆荚	1个，剖开刮籽
液体奶油	200克

手指饼

面粉	125克
蛋黄	100克
香草豆荚	1个，剖开刮籽
蛋清	150克
砂糖	125克

浓度30波美度的糖浆

砂糖	120克
水	100克
洋梨烈酒	20克

焦糖洋梨

砂糖	100克
糖水洋梨	150克
黄油	50克

摆放及装饰

糖水洋梨	300克

应掌握的技法

- 打发蛋白，打发奶油，将混合液熬煮变稠，填装裱花袋，裱花，使打发蛋白紧实，制作糖浆（第19页），给烤模铺底。

小窍门

- 掌握了这款巴伐利亚奶油酱蛋糕的制作方法，你可以任意变换口味，如用开心果口味或是巧克力口味的英式奶油酱。只要汁水含量少，还可以选用其它口味的水果。

D-Day

浓度30波美度的糖浆可以用在很多糕点上，所以不用犹豫，考试一开始就可以准备！

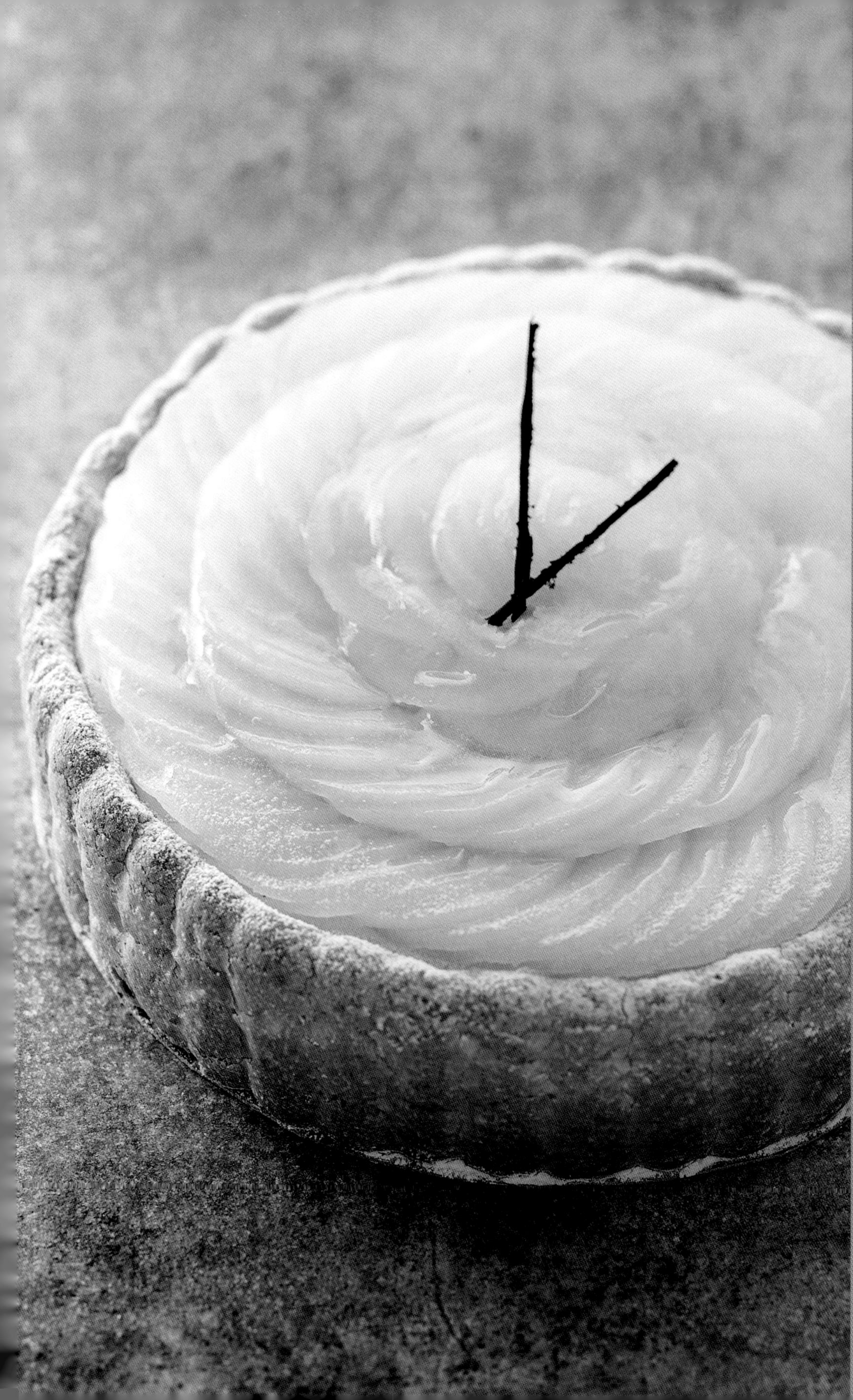

焦糖洋梨夏洛特蛋糕
Charlotte caramel aux poires

1 焦糖巴伐利亚奶油酱

把明胶放在碗中用水浸泡。

2 用煮锅，使用75克的砂糖制作焦糖：中火加热煮锅，像下雨一般把砂糖慢慢倒入锅中，将砂糖炒至焦糖色。

3 煮锅倒入热牛奶融化焦糖。

4 按照本食谱的用量，依照巴伐利亚奶油酱的制作过程（第233页）制作焦糖巴伐利亚奶油酱，可把步骤2中的热牛奶换成焦糖牛奶，放入冰箱冷藏。

5 手指饼

制作手指饼（第205页），完成到步骤6。

6 填装裱花袋，裱一个5厘米×22厘米的带状蛋糕，和两个圆形蛋糕：1个直径20厘米，一个直径18厘米。放入烤箱烘焙15~20分钟。

7 浓度30波美度的糖浆

按照本食谱的用量制作浓度30波美度的糖浆（第19页）。

8 焦糖洋梨

在煎锅里放入砂糖，干炒成焦糖。糖水洋梨切丁，将焦糖倒入锅中并搅拌。加入黄油，切丁洋梨要完全被焦糖和黄油包裹。将焦糖洋梨倒入不锈钢烤盘中，并放入冰箱冷藏。

9 组装蛋糕

将带状的手指饼围在烤模的内侧，如果偏长就将多余的部分去掉，蛋糕正好围一圈，但不能重叠。大号圆形食指蛋糕进行稍微修剪，然后将其铺在烤模底部。

10 用糕点刷给铺垫烤模的蛋糕刷一层浓度30波美度的糖浆。

11 倒入第一层焦糖巴伐利亚奶油酱。

12 将冷却的焦糖洋梨丁铺撒在奶油酱上。

13 铺上小号圆形蛋糕，轻轻按压，然后刷糖浆。

14 再浇一层焦糖奶油酱，直到顶部。

15 用抹刀抹平，放入冰箱冷冻1小时。

16 糖水洋梨切成很薄的薄片，像花瓣一样转着铺满蛋糕的表面。

17 刷一层薄薄的稀糖浆。

小心迸溅！最好离火操作。 **3** **8**

9

11 **15**

16 **17**

用刀尖把第一片洋梨挑起来，将最后一片压在下面。

完全可以用水稀释糖浆，让糖浆变得更流动。

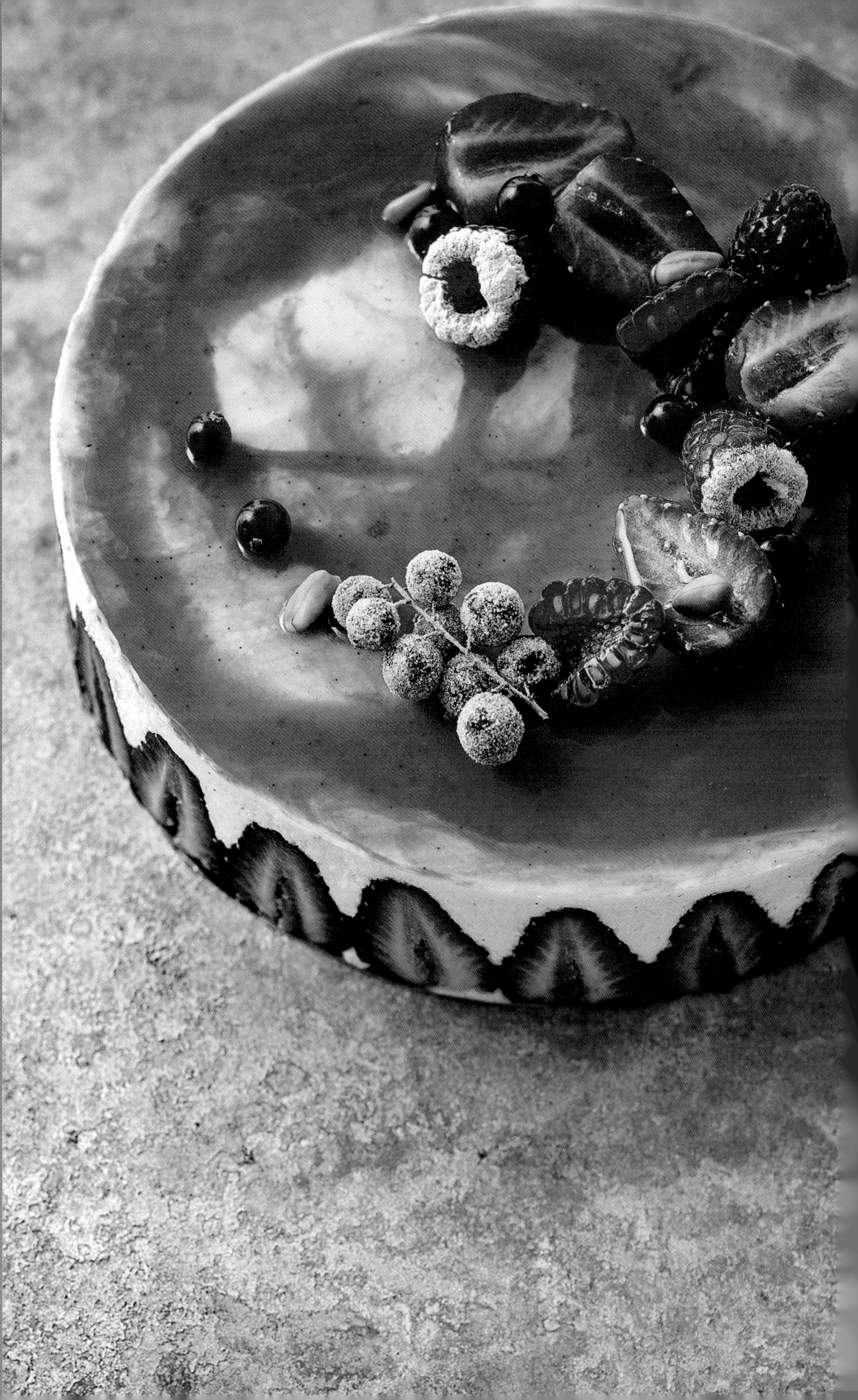

制作8人份——1个直径20厘米的蛋糕

准备：1小时30分钟
烘焙：25~35分钟
静置；30~45分钟

法式草莓夹心蛋糕
Fraisier

工具

面粉筛
配有搅拌叶的电动搅拌机
长柄刮刀
弧形刮板
裱花袋
平口裱花嘴
烤盘
烘焙纸
煮锅
圆底搅拌盆
大平盘
保鲜膜
水果刀
直径20厘米、高4.5厘米的圆
　形无底烤模
糕点用塑料围膜
直抹刀
糕点刷
折角曲吻抹刀

使用到的基本技法

手指饼（第205页）
慕司琳奶油酱（第222页）
卡仕达奶油酱（第218页）

原料

手指饼

面粉	125克
蛋黄	100克
香草豆荚	1个，剖开刮籽
蛋清	150克
砂糖	125克

慕司琳奶油酱

黄油	150克

卡仕达奶油酱

牛奶	350克
香草豆荚	1个，剖开刮籽
砂糖	50克
蛋黄	60克
吉士粉	35克

草莓糖浆

水	50克
砂糖	50克
草莓果泥	100克

蛋糕组装和装饰

佳丽格特草莓500克（Gariguette，一种著名的法国杂交草莓品种，形状瘦长，气味芬芳，口味香甜软糯——译者注）
红色食用色素
无色淋浆　　　　　　　100克
30克混合浆果．野生草莓（体型很小，但是香气、味道都很浓郁——译者注）、覆盆子、醋栗和开心果。
糖粉

应掌握的技法

• 使打发蛋白变稠，填装裱花袋，打发一种混合物至变白，熬制奶油酱，将黄油搅拌至膏状，裱花，准备烤模。

小窍门

• 烤模内侧涂抹慕司琳奶油酱时，用小抹刀从下向上按压着草莓抹，使草莓贴紧蛋糕围膜。

D-Day

贴着蛋糕围膜的那一圈草莓要挑选最漂亮的、大小一致的草莓，其他草莓可以铺撒在蛋糕中间做夹心。合理安排时间：利用奶油酱冷却的时间准备并摆放草莓。

5

6

7

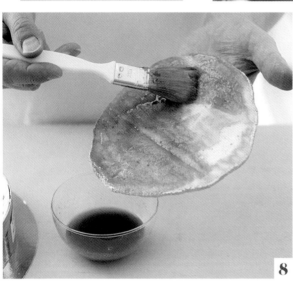
8

10

11

13

用热水把抹刀冲一下，这样就能抹得非常平，把气泡全部去除。

15

法式草莓夹心蛋糕
Fraisier

1 手指饼

烤制两个圆形手指饼（第205页），做到步骤6。裱花袋安装平口裱花嘴，填装裱花袋，在烤盘上铺烘焙纸，然后裱两个直径18厘米的蛋糕。放入烤箱烘焙15~20分钟。

2 慕司琳奶油酱

制作慕司琳奶油酱（第222页）。

3 草莓糖浆

煮锅中倒入水和砂糖，煮沸，然后倒入草莓果泥中，搅拌。

4 组合及装饰

将100克草莓去蒂切成两半，其余的草莓切成四瓣。

5 烤模内侧围一圈围膜，摆放对半切开的草莓，切面贴着围膜摆放。

6 用抹刀涂抹慕司琳奶油酱。

7 将烤模轻轻抬起，确认草莓与草莓的间隙都填满了奶油酱，没有空隙。

8 取一片圆形手指蛋糕，刷一层草莓糖浆，然后铺在烤模底部。

9 涂抹一层慕司琳奶油酱，用抹刀抹均匀。

10 奶油酱上面铺一层切成四瓣的草莓。

11 再涂抹一层奶油酱，用抹刀抹均匀。

12 取第二片蛋糕，刷一层草莓糖浆，然后铺在奶油酱上并轻轻按压，蛋糕片应该比烤模低。

13 涂抹最后一层奶油酱，然后用双手拿抹刀，从里向外抹平，应该有多余的奶油酱留在抹刀上。

14 放入冰箱冷藏30~45分钟，让慕司琳奶油酱更有质感。

15 在冷藏温度的蛋糕上淋一些添加红色食用色素的淋浆，然后再淋一些无色淋浆，用抹刀抹平。

16 最后点缀一些撒过糖粉的红色水果。

使用的基本技法

萨赫海绵蛋糕（第209页）
巧克力慕斯酱（第238页）
果仁糖薄脆（第291页）
巧克力镜面淋浆（第295页）

制作8人份——1个直径20厘米的蛋糕的用时

准备：1小时45分钟
烘焙：50分钟
静置：1小时+自然冷却

皇家巧克力夹心蛋糕
Entremet royal chocolat

工具

刀
配有搅拌叶和打蛋器的电动
　搅拌机
面粉筛
烘焙纸
圆底搅拌盆
弧形刮板
长柄刮刀
烤盘
网格架
煮锅
打蛋器
温度探针
裱花袋
平口裱花嘴
糕点擀面杖
过滤器
保鲜膜
锯齿刀
高4.5厘米、直径20厘米和18
　厘米的两个圆形无底蛋糕模
糕点用塑料围膜
直抹刀
折角曲吻抹刀
直径8厘米的切模

原料

萨赫海绵蛋糕

含50%杏仁的杏仁糖膏	100克
砂糖	25克+35克
鸡蛋	50克
蛋黄	65克
可可粉	30克
面粉	30克
蛋清	90克
液态黄油	30克

巧克力镜面淋浆

水	280克
砂糖	360克
可可粉	120克
液体奶油	210克
明胶	14克

果仁糖薄脆

白巧克力脂板	25克
榛果糖膏	125克
果仁糖薄脆	90克

巧克力慕斯酱

液体奶油	60克
黑巧克力脂板	190克

砂糖	40克
水	10克
葡萄糖糖浆	20克
蛋黄	110克

打发奶油

液体奶油	320克

组装

果仁糖方丁
金粉

应掌握的技法

● 使打发蛋白变稠，熬制糖
浆（第19页），准备烤模，
填装裱花袋，打发奶油，
制作炸弹面团，擀面团，
淋浆，填装裱花袋，裱花。

小窍门

● 别犹豫，你可以大胆使用
各式巧克力装饰品来装饰
蛋糕（第275页）。

D-Day
不要拖延蛋糕的制作时
间：蛋糕要冷冻后才容
易脱模，外观才工整。

皇家巧克力夹心蛋糕
Entremet royal chocolat

1 萨赫海绵蛋糕

按照本食谱的用量制作萨赫海绵蛋糕（第209页）。

2 巧克力镜面淋浆

制作巧克力镜面淋浆（第295页）。

3 果仁糖薄脆

制作果仁糖薄脆（第291页）。

4 巧克力慕斯酱

制作巧克力慕斯酱（第238页），给裱花袋安装平口裱花嘴，将100克巧克力慕斯酱填入裱花袋留作最后的装饰（第20页）。然后将全部的巧克力慕斯酱放入冰箱冷藏。

5 组合及装饰

用锯齿刀将萨赫海绵蛋糕切成3片。

6 烤模内侧围一圈围膜，贴着围膜用抹刀涂抹巧克力慕斯酱。

7 将第一片蛋糕放在蛋糕模底部中心。

8 涂抹巧克力慕斯酱，一直抹到蛋糕模半高的位置。

9 铺撒果仁糖薄脆。

10 再铺一层慕斯酱，用抹刀抹均匀。

11 摆放第二片蛋糕片，轻轻按压。

12 涂抹最后一层慕斯酱与蛋糕模同平，用抹刀抹平。

13 放入冰箱冷冻1小时。

14 将蛋糕在冷冻温度下脱模，这样边缘就能保持整齐。将脱模的蛋糕放在金色垫纸上，然后摆放在网格架上，下面放一个大平盘。

15 巧克力淋浆温度达到28~29℃时，立刻淋在蛋糕上，将蛋糕完全覆盖。

16 用抹刀抹平巧克力镜面淋浆液。

17 用直径8厘米的切模在巧克力镜面上压个印痕，然后沿印痕裱上巧克力慕斯酱水滴小球。

18 给果仁糖小方丁裹上金粉，点缀在慕斯酱水滴小球上。

6 7

9 10

12 15

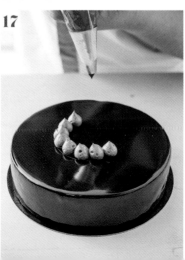

16 17 18

D-Day

制作蛋糕的时间不要拖延，只有完全冷却
后蛋糕才容易脱模。黑森林蛋糕放置冰箱
冷冻的过程非常重要。

制作8人份——1个直径20厘米的蛋糕的用时

准备：1小时30分钟
烘焙：20分钟
静置；35分钟

黑森林蛋糕
Forêt noire

工具

配有搅拌叶和打蛋器的电动
　搅拌机
面粉筛
长柄刮刀
烘焙纸
圆底搅拌盆
1个直径16厘米，高6厘米的
　圆形无底烤模
1个直径20厘米，高4.5厘米
　的圆形无底烤模
烤盘
弧形刮板
网格架
煮锅
打蛋器
锯齿刀
盘子
保鲜膜
裱花袋
10号平口裱花嘴和花口裱花嘴
直抹刀
折角曲吻抹刀
糕点用塑料围膜
糕点刷

使用的基本技法

萨赫海绵蛋糕（第209页）
卡仕达奶油酱（第218页）

原料

萨赫海绵蛋糕

含50%杏仁的杏仁糖膏	100克
砂糖	25克
鸡蛋	50克
蛋黄	65克
砂糖	35克
可可粉	30克
蛋清	90克
面粉	30克
液态黄油	30克

甘纳许巧克力奶油酱

液体奶油	90克
黑巧克力脂板	90克
黄油	20克

香草味淡卡仕达奶油酱

可可脂板	18克
打发奶油	300克

卡仕达奶油酱

牛奶	210克
香草豆荚	1个，剖开刮籽
砂糖	30克
蛋黄	22克
吉士粉	15克

浸润糖浆

砂糖	50克
水	110克
樱桃糖水	40克

马斯卡彭香醍奶油酱

全脂液体奶油	160克
马斯卡彭奶油	95克
香草豆荚	1个，剖开刮籽
糖粉	20克

组合及装饰

糖水樱桃或酒渍小樱桃	175克
苦巧克力粉	20克
巧克力装饰品（第275页）	
	150克

应掌握的技法

- 使打发蛋白变稠，填装裱
  花袋，裱花，准备烤模，
  熬制糖浆。

小窍门

- 你可以制作一款传统的黑
  森林蛋糕，用马斯卡彭香
  醍奶油酱代替香草味淡卡
  仕达奶油酱，在组合及装
  饰的步骤上能够节省时间。

黑森林蛋糕
Forêt noire

1 巧克力萨赫海绵蛋糕

按照本食谱的用量制作萨赫海绵蛋糕（第209页）。

2 甘纳许巧克力酱巧克力奶油酱

液体奶油在锅中煮沸。

3 倒入碾碎的巧克力中。

4 不要打发，而是均匀地混合巧克力酱。

5 加入黄油丁，混合均匀。裱花袋安装10号平口裱花嘴（第20页），将甘纳许巧克力酱填装进裱花袋，并放入冰箱冷藏。

6 香草味淡卡仕达奶油酱

制作卡仕达奶油酱（第218页），在第5步奶油熬制结束时加入可可脂。

7 用带打蛋器的电动搅拌打发液体奶油，直至打发奶油呈现柔顺的质感。

8 卡仕达奶油酱达到30℃时加入打发奶油。

9 紧贴奶油覆盖保鲜膜，放入冰箱冷藏，在此期间制作糖浆和巧克力装饰品。

10 浸润糖浆

将水和砂糖在煮锅中煮沸。

11 冷却后加入樱桃糖水，放在操作台上留用。

12 巧克力装饰品

将巧克力脂板重新凝结（第275页）。

13 在蛋糕围膜上制作巧克力刨花（第277页）。

14 组合及装饰

用锯齿刀将萨赫海绵蛋糕切成3片。

15 给3片蛋糕片刷浸润糖浆。

16 烤模内侧围一圈围膜，贴着围膜用抹刀涂抹1厘米厚的香草味淡卡仕达奶油酱。

17 将第一片萨赫海绵蛋糕放在蛋糕模底部中心。

18 用10号平口裱花嘴的裱花袋，在蛋糕片上盘着裱一层甘纳许巧克力酱。

19 摆放第二片蛋糕片，轻轻按压。

20 覆盖一些香草味淡卡士达奶油酱，并用抹刀抹均匀，然后整齐地摆放糖水樱桃。

21 放上第三片蛋糕片，轻轻按压。

22 涂抹最后一层卡仕达奶油酱与蛋糕模同平，用抹刀抹平，并放入冰箱冷冻15分钟。

23 马斯卡彭香醍奶油酱

按照本食谱的用量制作马斯卡彭香醍奶油酱（第217页）。将其分别填装在15号平口裱花嘴和15号花口裱花嘴的两个裱花袋中，并放入冰箱冷藏。

24 取出蛋糕，借助折角曲吻抹刀，将蛋糕脱模在垫纸上。

25 均匀并交错着在蛋糕表面裱上小圆球和小花球。

26 用手持粉筛撒上可可粉。

27 最后，用剩余的樱桃和巧克力刨花点缀蛋糕。

制作1个直径18厘米的蛋糕

准备：1小时30分钟
烘焙：20分钟
静置：6小时40分钟

法式覆盆子夹心蛋糕
Framboisier

工具

煮锅
圆底搅拌盆
打蛋器
盘子
保鲜膜
配有搅拌叶的电动搅拌机
弧形刮板
烘焙纸
面粉筛
长柄刮刀
裱花袋
8号和10号平口裱花嘴
烤盘
1个直径20厘米的不锈钢圆形
　无底烤模
记号笔
1个直径18厘米、高4.5厘米
　的圆形无底烤模
直抹刀
糕点用塑料围膜
糕点刷
手持粉筛

使用的基本技法

杏仁打卦滋蛋白霜蛋糕（第
210页）
卡仕达鲜奶油酱（第221页）
卡仕达奶油酱（第218页）

原料

卡仕达鲜奶油酱
明胶	6克

卡仕达奶油酱
牛奶	350克
香草豆荚	1个，剖开刮籽
砂糖	50克
蛋黄	60克
吉士粉	35克

打发奶油
液体奶油	380克

杏仁打卦滋蛋白霜蛋糕
糖粉	150克
面粉	30克
杏仁粉	120克

蛋清	150克
砂糖	150克
杏仁薄片	50克

蛋糕填料及装饰
覆盆子	250克
无色淋浆	30克
椰蓉	40克
糖粉	10克
覆盆子果泥	30克
几片薄荷叶	

D-Day
这款法式夹心蛋糕并不
是很甜，所以必须配以
成熟度较高的优质覆盆
子！在考试时应尽早制
作这款蛋糕，因为蛋糕
在冰箱中冷藏2小时口
感最佳。

应掌握的技法

- 打发一种混合液直至其变
  白，打发和熬制奶油酱，
  使打发的蛋白变稠，填装
  入裱花袋中，裱花。

小窍门

- 你可以在这款蛋糕上运用
  各种红色水果：草莓、野
  生草莓、樱桃等。

法式覆盆子夹心蛋糕
Framboisier

1 卡仕达鲜奶油酱（第221页）

将明胶放在碗中用冷水浸泡；制作卡仕达奶油酱（第219页）；将明胶沥干水分放入卡仕达奶油酱中混合均匀。

2 在盘子上铺保鲜膜，将卡士达奶油酱倒入盘中，紧贴奶油酱包裹保鲜膜，放入冰箱冷藏1小时，或者冷冻20分钟。

3 杏仁打卦滋蛋白霜蛋糕

按照本食谱的用量，制作两个16厘米的杏仁打卦滋蛋白霜蛋糕（第210页）。

4 给蛋糕填料及装饰

完成卡仕达鲜奶油酱的制作：给电动搅拌机安装打蛋器，打发液体奶油，将奶油倒入提前搅拌均匀的卡士达奶油酱中并混合均匀。裱花袋安装13号平口裱花嘴，然后将一半的奶油酱填装进裱花袋中（第20页）。

5 蛋糕模内侧围一圈围膜，紧贴着围膜用抹刀涂抹薄薄的一层卡仕达鲜奶油酱。

6 修剪打卦滋蛋糕片，边缘要整齐，直径应该恰好是16厘米。

7 将第一片打卦滋蛋糕片放在蛋糕模底部正中。

8 用平口裱花嘴的裱花袋在蛋糕片上满满地裱一层卡仕达鲜奶油酱。

9 覆盆子底部朝下，在奶油酱上摆满。

10 薄薄地涂抹第二层奶油酱，用抹刀抹均匀。

11 摆放第二片打卦滋蛋糕片，轻轻按压。

12 涂抹最后一层卡仕达鲜奶油酱与蛋糕模同平，用抹刀将其抹平。

13 在蛋糕表面最外圈裱一圈鲜奶油酱小球。

14 放入冰箱冷冻40分钟。

15 使蛋糕脱模。

16 用糕点刷给蛋糕外侧刷一层无色淋浆液。

17 粘满椰蓉。

18 在蛋糕表面中央摆放覆盆子。

19 点缀几颗肚里填装了覆盆子果泥的覆盆子，其余覆盆子蘸糖粉用作装饰，摆放几片薄荷叶；用手持粉筛给蛋糕外圈撒一层糖粉。

20 享用蛋糕前要将其放置冰箱中冷藏2小时。

5 7

9
10 11

轻轻按压蛋糕片以便去除气泡。

12 13

16 18

蛋糕装饰品
Les décors

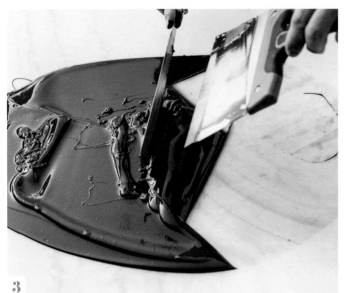

D-Day

绝对不要直接加热巧克力脂板，会煳！也不要把巧克力和水或含水制品混合在一起。

温度曲线

最高50~55℃

→ 26/27℃

→ 31~32℃

易融化的苦甜黑巧克力脂板

最高45~50℃

→ 26~27℃

→ 29~30℃

含有乳糖的，或牛奶巧克力脂板

最高45℃

→ 25~26℃

→ 28~29℃

象牙白，或白巧克力脂板

技术操作用时

准备：30分钟

巧克力 调温处理+装饰品

Chocolat - mise au point + décor

视频讲解

定义

掌握这个技法就能做出表面光亮、易于脱模的巧克力装饰品。具体做法可通过温度的改变来完成：先加热，然后冷却，再加热。不同的巧克力脂板其调温曲线也不同。要选用可可脂含量高的巧克力脂板。

你知道吗？

不要将巧克力脂板和高含糖巧克力混淆！高含糖巧克力比巧克力脂板的可可脂含量低，不需要进行调温处理，通常用于甘纳许巧克力酱或是与其他含油脂的原料混合做成各种巧克力酱。巧克力脂板则更多用于表面包裹、注模、装饰品和各种慕斯。

工具

圆底搅拌盆

温度探针

长柄刮刀

大理石、花岗岩或是石英岩
    质地的操作台面

刮板

水果刀

糕点用透明塑料纸

联排滚轴切刀

大号切刀

铲刀

胶条

自制小型裱花袋所使用的三
    角型烘焙纸

应用

黑森林蛋糕（第266页）
三色巧克力夹心蛋糕（第244页）

1 调温处理

    使用隔水加热融化巧克力脂板，直至调温曲线的第一阶段温度。

2 将2/3的融化巧克力倒在大理石操作台面上，用刮板和铲刀处理巧克力。

3 将融化的巧克力在大理石台面上抹开，利用与台面的直接接触来降温，然后再将巧克力聚拢在一起，然后再次抹开，重复动作至调温曲线的第二阶段温度。此时的巧克力开始呈现甘纳许巧克力酱的质地，随着温度的降低越来越浓稠。

4 将调温处理过的巧克力倒入容器中，与之前留用的1/3热巧克力混合，将其调至调温曲线的第三阶段温度。

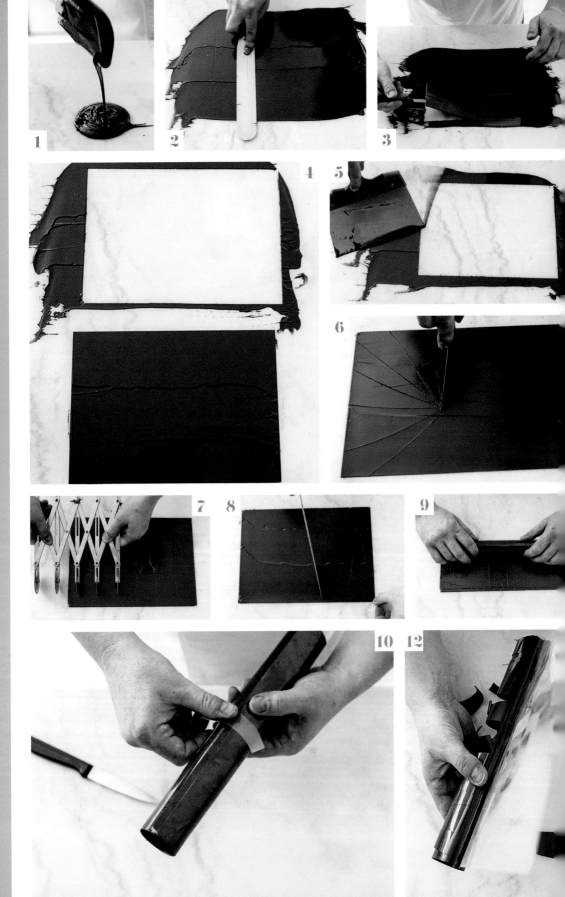

巧克力 调温处理+装饰品

Chocolat - mise au point + décor

巧克力装饰品

1 将调温处理过的黑甜巧克力倒在一张糕点用透明塑料纸上。

2 用大号平刮板仔细地将黑甜巧克力在塑料纸上抹平，有意地将巧克力抹过塑料纸边缘。

3 用水果刀的刀尖挑起塑料纸的一角，将塑料纸取出。

4 根据你的操作环境的温度静置1~3分钟：黑甜巧克力开始凝结。

5 用铲刀清理操作台面。

6 制作尺寸各异的三角形装饰品：在塑料纸中定一个点，以发散状划出刀痕。

7 制作小方块：使用联排滚轴切刀划出垂直线。

8 制作规则的三角形刨花装饰品：使用大切刀，在塑料纸的宽边方向切三角形。

9 将塑料纸卷起来，制造刨花效果。

10 用胶条把卷起来的塑料纸黏住。

11 如果你的操作环境温度高，就把巧克力饰品放入冰箱冷藏，不要超过15分钟，因为冰箱冷藏室属于潮湿环境。

12 等到要使用时再把塑料卷打开。

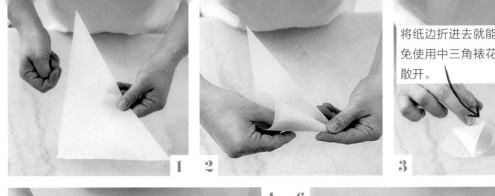

将纸边折进去就能避免使用中三角裱花袋散开。

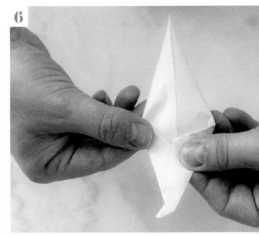

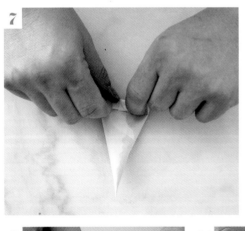

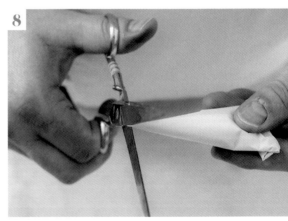

巧克力 调温处理+装饰品
Chocolat - mise au point + décor

用三角圆筒裱花袋制作装饰品

1 在烘焙纸上剪一个直角三角形，用左手的大拇指和食指捏住长边的中心点。

2 用右手把烘焙纸向中间卷成一个圆筒。

3 将纸尖的大三角折进圆筒。

4 三角圆筒裱花袋制作完毕。

5 调温处理过的巧克力填装至大约一半的位置。

6 将三角圆筒的裱花袋的边折向中间封口。

7 在与封口相对、翻过来的一侧从上往下折裱花袋。

8 用剪刀在裱花袋的尖端剪一个小小的口。

9 用拇指、食指和中指捏着裱花袋，用均匀的力度从上至下挤压巧克力，挤压的力度和裱花的速度要成比例。

10 每做完一个裱花，动作就要停顿一下。

11 这种裱花的方法适用于在水平面，或是垂直面裱花。裱花袋的尖端适当倾斜，要与裱花平面呈30°角，就像握笔写字一样。

12 流线型裱花是将裱花袋拿在5厘米左右的高度，挤压裱花袋，使流出的线条连贯、均匀。

技术操作用时

准备：根据装饰品的不同，15~30分钟

图片中展示的是Yuka Hayakawa女士的作品，她是日本的一位女性糕点师，擅长杏仁糖膏装饰品的制作。

杏仁糖膏装饰品
Décors en pâte d'amande

你知道吗？

完成这些作品，Yuka使用的是混合糖膏，白色装饰用50%杏仁糖膏和50%蛋白糖膏。

工具

配有搅拌叶的电动搅拌机
刀
糕点刷
糕点用雕刻刀

原料

成品装饰用杏仁糖膏
蛋白糖膏

糖粉	500克
蛋白粉	5克
水	30克
葡萄糖浆	70克

粘贴用皇家糖霜

蛋清	30克
糖粉	150克

小窍门

● 建议使用装饰用杏仁糖膏成品，并与蛋白糖膏用电动搅拌机混合，这种混合糖膏能在冰箱中冷藏保存数周。

D-Day

我们做了三个在证书考试时很可能涉及的不同主题的作品：美国国庆日、生日和通过小松鼠玩橄榄球来表现的运动。我们希望它们能在考试的那一天能给你们的蛋糕带来更多有趣的灵感。临考当日不能自带杏仁糖膏，所以平时要用装饰用杏仁糖膏的成品训练自己。

杏仁糖膏装饰品
Décors en pâte d'amande

1 蛋白糖膏

电动搅拌机安装打蛋器，将糖粉倒入搅拌机面盆，加入蛋白干粉、水和葡萄糖浆混合，并将其搅拌至糖膏状。

2 将糖膏倒在操作台上，用手掌揉搓糖膏。

3 搅拌机安装搅拌扇叶，将蛋白糖膏和杏仁糖膏搅拌混合，揉成球状，紧贴着糖膏用保鲜膜包裹。

4 皇家糖霜

用电动搅拌机打发蛋清和糖粉，直至糖霜呈现卡仕达奶油酱一般的质感。

5 "小宝宝"的制作演示

用双手揉搓糖膏，使糖膏变得有延展性。

6 先做头部：捏一个小球，用食指轻轻压出一个凹面。

7 点压两个小坑做眼睛。

8 将其整形成圆形/椭圆形。

9 在头部偏下的位置点压一个小坑做嘴巴。

10 做两个小小的球当耳朵贴在头部两侧，在耳朵中央轻轻按压使它们更加逼真。

11 用糕点刷给其粘上眼睫毛。

12 在眼窝的小坑中再加两个小球做成眼皮。

13 继续制作身体：将一个圆球的两端搓尖。

14 用雕刻刀切开身体部分的糖膏来制作胳臂和腿。

15 将一端切开的两条轻轻分开，做成腿。

16 另一端切开的两条做成胳臂。

17 用皇家糖霜将头部和身体粘在一起，要经过2小时放置干燥之后，再小心地把各个部分组装起来。

18 使用红色食用色素给"小宝宝"两颊微微上些颜色。

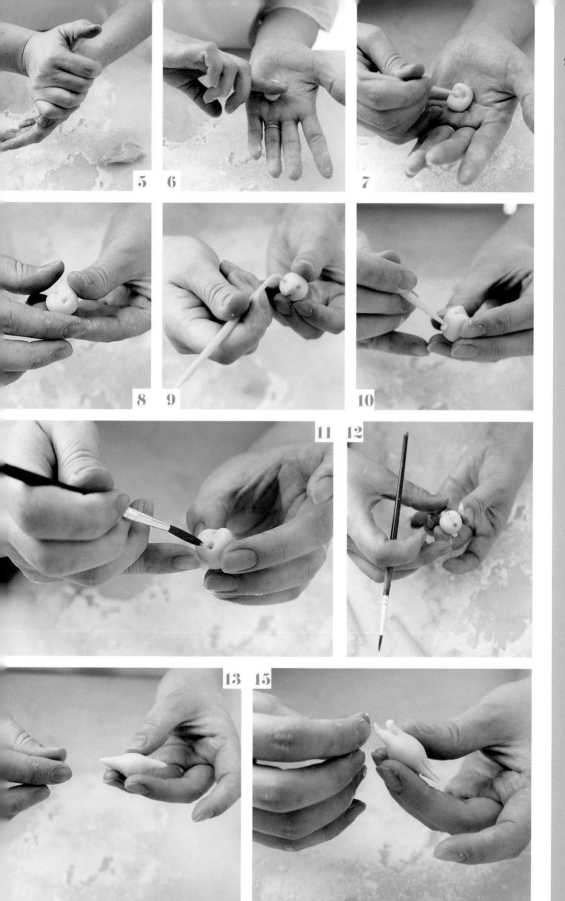

定义

一种以糖和水为基础的混合物，质地粘黏并浓稠。广泛应用于修女泡芙、闪电泡芙以及其他甜点的上光。

你知道吗？

根据你想要达到的效果，沾裹糖霜的种类是很多的。给甜点上光时，我们通常使用质地较软的糖霜。

工具

煮锅

长柄刮刀

应用

开心果闪电泡芙（第89页）

巧克力修女泡芙（第92页）

技术操作用时

准备：10分钟

静置：10分钟

原料

沾裹糖霜

口味：开心果糖膏、可可糖膏、咖啡萃取液或香草萃取液等

食用色素

沾裹糖霜的处理
Mise au point d'un fondant

1 根据需要的用量，将糖霜倒入煮锅中；煮锅要适当地大些，能够放得下要上光的泡芙或闪电泡芙。

2 向糖霜中倒入热水。

3 浸泡大约10分钟。

4 然后将锅中所有的水倒掉。

5 用长柄刮刀搅拌糖霜：边搅拌边稍许加热，温度不能超过37℃。

6 当糖霜到达预定温度时，加入想要的口味和食用色素。

7 如果有必要，可以加入浓度30波美度的糖浆（第19页），调整糖霜的浓稠度。

8 用长柄刮刀测试糖霜的浓稠度，当提起刮板时，糖霜应该成流动的丝带状；注意，糖霜的温度要始终保持在37℃。

小窍门

• 沾裹糖霜的变化非常丰富，可以按照需要的口味和颜色随意变换：橙子花色、玫瑰色、紫色等。

D-Day

如果糖霜的温度超过了37℃，可以加少量冷却的糖霜来降温。

加热糖霜的时要
不停的搅拌。

2 5

8

6

7

法式甜点烘焙

你也可以盖上锅盖，让蒸汽进行"自动清洁"内壁。

3

4

5 **6**

定义

将砂糖熬制成金黄色，用于糕点的制作或给奶油酱增添风味。

应用

萨隆布焦糖杏仁泡芙（第101页）
焦糖洋梨夏洛特蛋糕（第252页）

工具

煮锅
糕点刷
温度探针
圆底搅拌盆
硅胶垫

制作600克的熟糖/焦糖的用时

准备：5分钟

熬煮：10分钟

原料

结晶砂糖	500克
水	175克
根据要制作的焦糖的量，	
葡萄糖浆	50~150克

熬糖 焦糖
Sucre cuit caramel

1 在一只非常干净的锅里煮沸水和糖的混合液。

2 加入葡萄糖浆。

3 用干净的糕点刷蘸水清洁煮锅的内壁，刷掉溅在锅内壁上的糖水，并防止锅边的糖太快焦化。

4 根据想要达到的颜色，用大火将糖水熬制168~178℃。

5 在圆底搅拌盆中放满水，关火后将煮锅放在水上。

6 将焦糖倒在硅胶垫上，或立刻稀释后使用。

你知道吗？

● 葡萄糖浆能够让焦糖更稳定，能更好地保存。

小窍门

● 想要制作焦糖液或是咸黄油焦糖奶油酱，只要在焦糖关火后加水，或加入液体鲜奶油和咸黄油即可。

D-Day
整个过程要特别干净：一点点的杂质就会让糖化不开，焦糖的制作就会失败。

定义

一种焦糖杏仁的混合物，也被称作薄脆或棕色牛轧糖，用于制作糕点的装饰品。

使用的基本技法

擀面皮

应用

巴黎-布雷斯特泡芙（第96页）

工具

煮锅

糕点刷

长柄刮刀

硅胶垫

糕点擀面杖

刀

制作1.1千克牛轧糖的用时

准备：5分钟

熬制：20分钟

原料

葡萄糖浆	400克
水	25克
砂糖	500克
杏仁薄片	350克

杏仁牛轧糖
Nougatine

1 在一只非常干净的锅里煮沸水和葡萄糖浆的混合液。

2 循序渐进地加入砂糖。

3 用干净的糕点刷蘸水清洁煮锅的内壁，刷掉溅在锅内壁上的糖水，并防止锅边的糖太快焦化。

4 用烤箱在155℃条件下烘焙杏仁薄片10分钟左右。

5 用大火熬制糖水，直至其呈现淡焦糖色。

6 将杏仁片一次性全部倒入焦糖中。

7 搅拌均匀。

8 将牛轧糖倒入抹过油的烤盘中，或是硅胶垫上，用擀面杖擀平。

9 立即用刀将牛轧糖切成想要的形状。在密封的容器中可以保存数日。

2　7

要趁热将牛轧糖擀平，这样才能制作出很薄的牛轧糖片。

8

9

D-Day

操作台和其他制作工具都要抹油。

小窍门

● 如果你没有葡萄糖，就使用100%砂糖，葡萄糖能够延长保存时间。

5

6

7

9

D-Day
如果无法制作果仁糖，那就利用手边能用的原
料来完成。

定义

一种酥脆的混合物，以牛奶巧克力、果仁糖和可可巴芮小碎片为基础来制作。

应用

巴黎-布雷斯特泡芙（第96页）
皇家巧克力夹心蛋糕（第260页）

应掌握的技法

擀面皮

工具

温度探针
抹刀
烘焙纸
烤盘
多功能料理机
煮锅
圆底搅拌盆
长柄刮刀
糕点擀面杖
糕点用塑料纸或者烘焙纸
刀

制作600克的果仁糖薄脆的用时

准备：10分钟

熬制：5分钟

静置：20分钟

原料

牛奶巧克力	50克
黄油	15克
可可巴芮小碎片	100克
果仁糖	450克
砂糖	200克
水	65克
去皮杏仁	125克
去皮榛子	125克
香草豆荚	1/2个，剖开刮籽

果仁糖薄脆
Praliné feuilleté

1　果仁糖

　　在煮锅中加热水和糖的混合液至120℃；向其中加入果仁，中火继续熬制约10分钟至其呈现焦糖色，期间不停地搅拌。

2　在烤盘上铺烘焙纸，将果仁糖倒入烤盘中，在室温下冷却。

3　使用料理机将果仁糖搅碎并搅拌成光滑的面团；避热、避湿、避光放置备用。

4　果仁糖薄脆

　　隔水加热牛奶巧克力、果仁糖和黄油，并用长柄刮刀将其混合均匀。

5　加入可可巴芮小碎片。

6　继续搅拌使其混合均匀。

7　将果仁糖薄脆倒在两张糕点用透明塑料纸或是烘焙纸中间，并用擀面杖擀成4毫米厚的片状。

8　将其放入冰箱冷冻20分钟。

9　将彻底冷却的混合果仁糖用刀切成1厘米见方的小块。

10　放入冰箱中冷冻保存。

定义

一种很亮的有颜色的淋浆液，用于给蛋糕和法式夹心蛋糕的表面淋浆。

应用

红色浆果镜面夹心蛋糕（第249页）

工具

碗
煮锅
打蛋器
大号过滤器
圆底搅拌盆
手持竖式电动搅拌机
保鲜膜
温度探针

制作600克有色镜面淋浆液的用时

<u>准备</u>：15分钟

<u>熬制</u>：10分钟

<u>静置</u>：1小时

原料

明胶	13克
水	75克
砂糖	150克
葡萄糖浆	150克
甜味浓缩牛奶	100克
象牙白巧克力脂板颗粒	150克
食用色素	

彩色镜面淋浆
Glaçage miroir coloré

1 将明胶放在一碗很凉的水中浸泡。

2 将水、砂糖和葡萄糖浆放入煮锅中，将其煮沸做成糖浆。

3 将浓缩牛奶倒入糖浆中，用打蛋器搅拌。

4 将明胶沥干水分，用打蛋器将明胶融化进糖浆。

5 加入象牙白巧克力脂板颗粒，将其搅拌成均匀顺滑的淋浆液。

6 用大号过滤器把淋浆液过滤在圆底搅拌盆中。

7 加入食用色素。

8 用手持竖式电动搅拌机将其搅拌均匀，注意不要搅拌进空气。

9 紧贴着淋浆液包裹保鲜膜，并将其放入冰箱冷藏1小时。

10 将淋浆液隔水加热至28~29℃，然后将其淋在冷冻的夹心蛋糕上。

小窍门

● 淋浆液可以在冰箱冷藏数日，所以用剩的淋浆液要保存起来留作他用。

D-Day

隔水加热淋浆液时要小心搅拌，如果混进气泡就会破坏其光滑的质感。需要淋浆的夹心蛋糕一定要保持冷冻温度。

4 5

6 8

根据需要的色彩浓度调整食用色素的用量。

为了避免结团，巧克力粉要提前过筛。

3

4

6

7

9

定义

一种光亮的巧克力淋浆，用于覆盖蛋糕和法式分层夹心蛋糕。

应用

巧克力塔（第66页）
皇家巧克力夹心蛋糕（第260页）
干果巧克力蛋糕（第155页）

工具

煮锅
长柄刮刀
打蛋器
手持过滤网
圆底搅拌盆
保鲜膜
温度探针

制作900克巧克力镜面淋浆的用时

准备：20分钟

煮制：10分钟

静置：1小时

原料

明胶	14克
水	280克
砂糖	360克
可可粉	120克
液体奶油	210克

巧克力镜面淋浆
Glaçage miroir chocolat

视频讲解

1 用很凉的水浸泡明胶。

2 将水和糖倒入煮锅，加热至沸腾，将其做成糖浆。

3 加入可可粉，用刮板搅拌并加热至沸腾。

4 加入全脂鲜奶油，搅拌。

5 用中火熬煮7分钟，并不停搅拌。

6 离火，加入甩干水分的明胶。

7 用过滤网把淋浆液过滤在搅拌盆里。

8 紧贴着淋浆液覆盖保鲜膜，冷藏1小时。

9 使用时，隔水加温至28~29℃，再将淋浆液淋在冷藏过的法式夹心蛋糕上。

小窍门

● 这款淋浆液可以在冰箱冷藏保存5天，也可以冷冻保存。

D-Day

隔水加温的时候要小心，不要把气体混进去，气体会破坏淋浆液光t滑的质地。使用刮板轻轻搅动。法式夹心蛋糕要冷冻过后才能淋浆。

定义

一种覆盆子果酱，用于填装蛋糕。

应用

杏仁覆盆子塔（第44页）
香醍草莓塔（第71页）
香醍覆盆子泡芙（第84页）

工具

煮锅
长柄刮刀
打蛋器
温度探针
长方形大号平盘
保鲜膜

制作750克的带籽覆盆子果酱的用时

准备：5分钟

熬制：10分钟

原料

冷冻覆盆子	500克
砂糖	500克

带籽的覆盆子果酱
Framboises pépins

视频讲解

1　将覆盆子和砂糖倒入煮锅中。

2　用长柄刮刀将其搅拌混合后，加热至其沸腾。

3　继续大火熬制，用打蛋器搅拌以避免煳锅。

4　使用温度探针监控，温度要达到104℃。

5　将果酱倒入长方形大号平盘中，紧贴着果酱包裹保鲜膜。

6　将其放入冰箱中冷藏。

小窍门

● 这个方法就是制作果酱的方法，你可以使用其他水果来制作。

D-Day
要严密监控温度才能得到果酱最好的质感。

2 **3**

4 **5**

附录
Annexes

法
式
甜
点
烘
焙

索引

术语及技术手法

每一种技术手法都可以依循页码索引至分步图解

擀面团

→ 技术详解见24页

使用糕点擀面杖（纯平直筒擀面杖——译者注）或是压面机将面团擀平。

将一种混合物打发变白

→ 技术详解见219页

快速搅拌原料，直至其呈现出膨松状、颜色变浅。

准备烘焙模具

→ 技术详解见251页

填抹烤模内壁，填抹烘焙纸或糕点专用塑料透明纸制作的圆模内壁，或者直接用油脂或面粉涂抹。

膏化黄油

→ 技术详解见26页

搅拌黄油，直至成变成奶油般细腻的状态。

表面晾干

→ 技术详解见200页

马卡龙的饼干挤成型，烘焙之前略等待，让其表面微干变硬，指触不粘黏。

熬制奶油

→ 技术详解见218、226、230页

制作卡仕达奶油酱、布丁奶油酱和英式奶油酱的技巧（参照"制作淋浆"）。奶油酱在加热时要非常小心，因为成分中含有蛋液很容易凝结。

熬制淋浆液

→ 技术详解见230页

缓慢煮制某些奶油酱的方法（如英式奶油），由于蛋黄的自我凝结特性，奶油会从液体状逐渐变浓稠。将刮刀放进奶油酱里，拿出时奶油酱均匀覆盖在刮刀上，或是用手指在刮刀的奶油酱上画条线，线条不会被奶油酱破坏。到这个程度就可以结束熬制了。

使成型

→ 技术详解见126页

将面包面团、布里欧修面团、牛奶面包或牛角面包制作成特殊形状。

铺底烤模

→ 技术详解见21页

用擀过的面皮给圆形无底烤模铺底。

揉搓面团

→ 技术详解见24页

把面团放在操作台上，用手掌边揉边向外搓，直到把面团揉均匀。

填装裱花袋

→ 技术详解见20页

安装裱花嘴，然后填装裱花袋，这绝对是有技巧的，详解见第20页。

淋浆

→ 技术详解见68页

淋浆是指在塔、法式分层夹心蛋糕或其他蛋糕上均匀覆盖淋浆液。

发酵膨胀
→ 技术详解见112页
在大约30℃让一块酵母面团发酵膨胀。

糖霜的特别处理
→ 技术详解见284页

巧克力的特别处理
→ 技术详解见275页
学会掌控原料的温度，使其更容易操作，表面
更有光泽。

马卡龙式搅拌
→ 技术详解见200页
用刮刀按压并轻轻提起马卡龙面糊，重复多次
该动作，直至面糊均匀能够形成带状。

打发
→ 技术详解见193、217页
用打蛋器搅拌原料，将空气混入原料，使其体
积增大。

和面
→ 技术详解见112页
将各种配料混合在面粉中，用和面机搅拌，直
到面团均匀柔顺，根据和面的时间长短，决定
是否要揉上劲。

裱花
→ 技术详解见65、83页
用装有裱化嘴的裱化袋裱化。

制作爆炸面团
→ 技术详解见229、238页
学会在以鸡蛋或蛋黄为主的混合材料中加入
高温糖浆或焦糖，不停搅拌直至混合物温度
下降。

制作糖浆
→ 技术详解见287页
学会用糖和水按照不同比例、不同温度，根据
不同用途制作相应浓度的糖浆。

沙化添加了黄油的面粉
→ 技术详解见24页
将黄油和面粉混合，用手指揉搓，直至面粉呈
现出沙一般的状态。

紧致蛋白
→ 技术详解见193页
高速打发蛋白至白色，然后边打发边缓慢加入
砂糖，直到蛋白呈现可塑性的均匀质地。

图书在版编目（CIP）数据

法式甜点烘焙 / （法）达米安·迪凯纳（Damien Duquesne），（法）雷吉斯·加尔诺（Regis Garnaud）著；马力译. — 北京：中国轻工业出版社，2018.12

ISBN 978-7-5184-2035-3

Ⅰ. ①法… Ⅱ. ①达… ②雷… ③马… Ⅲ. ①糕点 – 制作 – 技术培训 – 教材 Ⅳ. ① TS213.23

中国版本图书馆 CIP 数据核字（2018）第 158576 号

Title:*Je passe mon CAP pâtisserie en candidat libre* © Editions culinaires, 2016 Simple Chinese Character rights arranged with LEC through Dakai Agency

责任编辑：钟　雨　　　　责任终审：劳国强
策划编辑：李亦兵　伊双双　责任校对：晋　洁
整体设计：锋尚设计　　　　责任监印：张　可

出版发行：中国轻工业出版社（北京东长安街6号，邮编：100740）
印　　刷：北京富诚彩色印刷有限公司
经　　销：各地新华书店
版　　次：2018年12月第1版第1次印刷
开　　本：720×1000　1/16　印张：19
字　　数：300千字
书　　号：ISBN 978-7-5184-2035-3　定价：88.00元
邮购电话：010-65241695
发行电话：010-85119835　传真：85113293
网　　址：http://www.chlip.com.cn
Email：club@chlip.com.cn
如发现图书残缺请与我社邮购联系调换
161292S1X101ZYW

致 谢

达米安大厨致谢：

Chef Régis, mon ami de longue date,
Philippe Conticini, le maître de la pâtisserie pour sa générosité,
Ma famille qui me soutient,
Mes étudiants pour leur patience,
Toutes les belles personnes croisées dans ma vie comme Chef Christophe et Mr Georges Roux,
Les équipes ayant travaillé sur le livre pour ce beau travail.

雷吉斯大厨致谢：

Mon épouse, Anne pour son soutien de toujours,
Mon ami, Chef Damien, pour cette belle aventure humaine, merci pour ta générosité,
Daniel Bertrand, notre assistant, pour son travail et son investissement à 200%,
Yuka Hayakawa pour avoir partagé avec nous son savoir-faire extraordinaire. www.les-pastilles.com
Amélie Roche pour ses magnifiques photos,
Alice Gouget, Claire Dupuy et toute l'équipe des Éditions Alain Ducasse pour leur gentillesse, leur disponibilité et leurs précieux conseils.